ボーイング 787 のコックピット。さまざまな計器が並ぶ中に航空無線に関わるものもある（上）

機長時代の筆者。航空無線の技術的な進歩は目覚ましいものがあるが、安全運航に直接的に結びつくという点に関しては今も昔も変わりはない（下）

大きく発達した積乱雲。このような天候時、HF 通信は障害を起こすことがある（上）
着陸する旅客機。航空無線に関わる事故の多くは離着陸時に発生している（下）

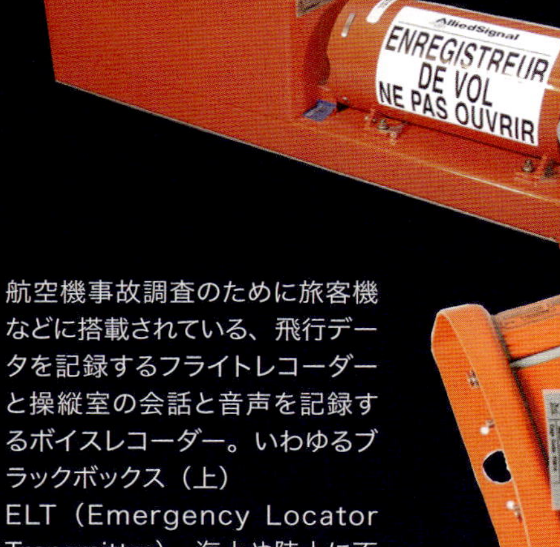

航空機事故調査のために旅客機などに搭載されている、飛行データを記録するフライトレコーダーと操縦室の会話と音声を記録するボイスレコーダー。いわゆるブラックボックス（上）
ELT（Emergency Locator Transmitter）。海上や陸上に不時着した航空機の位置を知らせる目的で作られた発信機（下）

東京国際空港（羽田空港）の管制塔。国内最高の高さとなる116mで、2010年に運用を開始した（上）
管制塔内の様子。空の交通整理を担う重要な現場だ（中）
着陸誘導管制室のレーダーコンソール（下）
写真：国道交通省HP

飛行中の民間航空機の位置をリアルタイムで表示する「フライトレーダー24」(http://www.flightradar24.com/)。ウェブサイトのほか、スマホ向けのアプリがある。旅客機がいままさに移動している様子が分かる。もちろん日本のみならず、世界中の様子を眺めることができる。膨大な数の旅客機が列をなして飛んでいるようだ(下)。

交通ブックス　312

航空無線と安全運航

杉江　弘

交通研究協会発行
成山堂書店発売

はじめに

本書は航空無線の種類と使い方をまとめたものである。航空無線は科学技術の進歩によって近年大きく進化し、とりわけ衛星を使った通信システムの活用は目ざましいものがある。以前なら長距離運航で主流となっていたHF（短波）での通信は電離層の状態や地域、季節、それに時間帯などによって困難をきたすことも多く、のちに詳しく紹介しているが東南アジアでは国境までに次に通過する国の管制官と通信（位置情報等）設定がないままで飛行せざるを得ない現実があった。言うまでもなくルールでは国際線では、ある国の領空通過するまでに当該国の管制官と連絡がとれていることが前提である。しかし現在ではVHFでカバーされる空域も増えそのような問題も解決しつつある。長距離フライトや洋上フライトではCPDLC（本文で詳述）と呼ばれる衛星を利用したデジタル通信の登場によって以前のような電波障害や音声による会話から生じる誤解やトラブルが解消されつつあることは画期的なことであろう。

本書ではこれら航空無線の種類や運用方法等について解説を行うほか、運航の現場でパイロットと管制官が標準的な管制用語を使わなかったり、タイミングを誤ったために大事故につながったいくつかの事例も紹介している。それらの多くは離着陸時に発生しており、パイロットの緊急事態宣言が遅れたり管制官とパイロットの間で通信がダブルトランスミッションになりながら互いに再確認しないままで離着陸を続けた結果事故になった例もある。航空の安全にとっては航空無線の正しい使い方がいかに大事であるかを知ってほしい。それが著者が本書の執筆につながった最大の理由でもある。

2017年9月

杉江　弘

目　次

第１章　航空無線通信士という資格

航空無線通信士とは無線従事者の一種で、電波法第40条第３号のイに規定される。所管は総務省（旧郵政省）で平成元年（1989年）に制定された。英語表記はAeronautical Radio Operatorで「航空通」と略称されている。以前の航空級無線通信士はこの「航空通」とみなされる。以下、その資格と業務内容を法的な角度からまとめてみることにする。

操作範囲

電波法施行令第３条による。

１．航空機に施設する無線設備並びに航空局、航空地球局および航空機のための無線航行局の無線設備の通信操作（モールス符号による通信操作を除く。）

２．次に掲げる無線設備の外部の調整部分の技術操作

　イ　航空機に施設する無線設備

　ロ　航空局、航空地球局及び航空機のための無線航行局の無線設備で空中線電力250W以下のもの

　ハ　航空局及び航空機のための無線航行局のレーダーでロに掲げるもの以外のもの

主に、航空運送事業（航空会社）用航空機に開設された航空機局や、この航空機と通信を行う航空局の航空管制官などで、通信

操作に無線従事する者が、必ず取得しなければならない必須資格である。

試験方法及び科目

総務省令無線従事者規則の第３条には電気通信術の試験については実地によることが、その他は筆記によることが規定されている。また、第５条には国家試験の科目が規定されている。

（試験科目）

第五条　国家試験は、次の各号に掲げる無線従事者の資格に応じ、それぞれ当該各号に掲げる試験科目について行う。

十二　航空無線通信士

イ　無線工学

(1)　無線設備の理論、構造及び機能の基礎

(2)　空中線系等の理論、構造及び機能の基礎

(3)　無線設備及び空中線系の保守及び運用の基礎

ロ　電気通信術

電話　一分間五十字の速度の欧文（運用規則別表第五号の欧文通話表によるものをいう。）による約二分間の送話及び受話

ハ　法規

(1)　電波法及びこれに基づく命令（航空法及び電気通信事業法並びにこれらに基づく命令の関係規定を含む。）の概要

(2)　通信憲章、通信条約、無線通信規則、電気通信規則及び国際民間航空条約（電波に関する規定に限る。）の概要

ニ　英語

(1)　文書を適当に理解するために必要な英文和訳

(2)　文書により適当に意思を表明するために必要な和文英訳

(3)　口頭により適当に意思を表明するに足りる英会話

電気通信術というのは、phonetic code, phonetic alphabet 等と呼ばれるもので、

A：Alpha

B：Bravo

C：Charlie

などとアルファベットを一文字ずつ発話して、無線通信で間違えなく聞き取れるようにする方法である。

航空無線通信士は、日本無線協会が８月と２月の年２回実施する国家試験に合格することのほか、養成課程（または長期型養成課程）を修了することでも資格を取得することができる。

筆者の時代には航空通信士の資格も必要

現在はパイロットや管制官を目指す人は前述の航空無線通信士の資格を取得すればよいが、以前にはこれとは別に国土交通省（旧運輸省）が所轄する航空通信士という資格も同時に必要であった。根拠法令は航空無線通信士が電波法であるのに対し航空通信士は航空法であり、1952年の航空法制定時には一等、二等、三等の航空通信士の区分があり、それは電波法による一級、二級航空級無線通信士の操作範囲に対応するものであった。それは1960年代末には学科試験に合格するだけで取得できるようになったが筆者が取得した1970年当時ではモールス信号などの試験もあった。筆者は航空会社に入社後アメリカで小型機の免許を取得し、帰国後に航空級無線通信士（旧郵政省）と三等航空通信士（旧運輸省）の試験を受けてそれらの資格を得たものであるが、当時は民間航空の乗員として無線通信に従事するためには飛行経歴を有する必要があった。なお筆者が取得した三等航空通信士の資格は1994年からは単に航空通信士に一本化された。そして同時期に取得した航空級無線通信士（後にこれを取得すれば航空通信士の資格は不要となった）も当時はモールス符号による通信操作ができる能力の試験があったと記憶している。現在の航空無線通信士の資格試験には「モールス符号による通信操作を除く通信操作」となっていて受験者にとってかなり負担が軽減されたといってもよいだろう。筆者の時代では実際の航空機内での仕事においてもモールス符号を頭に入れてVORやNDBといった航空保安無線施設のIDを確認するのにも暗記で行えることが必須であった。

現代のハイテク機ではそのようなIDの確認作業は不要で仮に必要な状況が生れてもチャートを見てIDを確認すればよいことになっているので昔話のようになったと感じている。

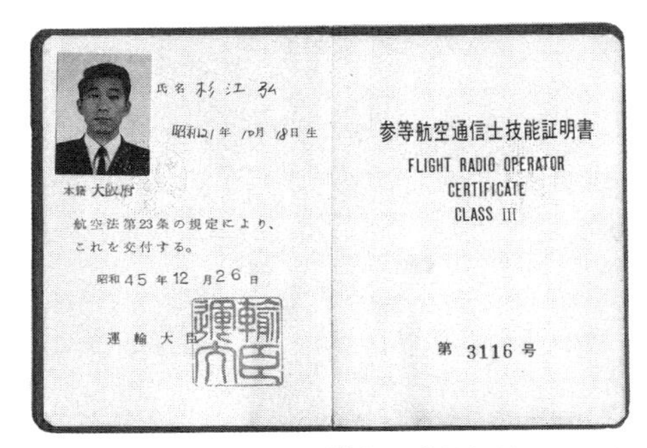
氏名 杉江 弘
昭和21年 10月 18日 生
本籍 大阪府
航空法第23条の規定により、
これを交付する。
昭和45年12月26日
運輸大臣

参等航空通信士技能証明書
FLIGHT RADIO OPERATOR
CERTIFICATE
CLASS III
第 3116 号

（筆者の3等航空通信士の免許）

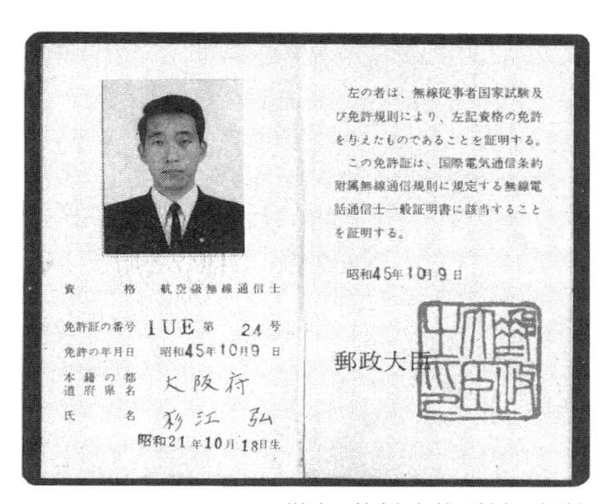
資格　航空級無線通信士
免許証の番号　1UE 第 24 号
免許の年月日　昭和45年10月9日
本籍の都道府県名　大阪府
氏名　杉江 弘
昭和21年10月18日生

左の者は、無線従事者国家試験及び免許規則により、左記資格の免許を与えたものであることを証明する。
この免許証は、国際電気通信条約附属無線通信規則に規定する無線電話通信士一般証明書に該当することを証明する。
昭和45年10月9日
郵政大臣

（筆者の航空級無線通信士の免許）

図1-1　筆者の航空級無線通信士の免許

これまで現在の航空無線通信士の資格の内容と運航乗務員がかつて取得していた航空通信士や航空級無線通信士の免許制度を歴史的に振り返ってみたが、現行の免許は学科試験だけで取得できるものなのでこれからパイロットや管制官を目指す人にとっては実機などの訓練が始まる前に取得しておくと好都合であろう。航空大学校や民間の訓練所に入ることが決った段階で早いうちに取得することをおすすめしたい。座学等が始まってから無線資格の勉強に時間を割くのは大変で、万が一飛行訓練までに取得できなければ訓練自体も中止になる可能性も覚悟する必要があるからだ。

表 1-1　英文通話表及びモールス符号（ICAO）

	識　別　語	モールス符号		識　別　語	モールス符号
A	ALFA	・―	N	NOVEMBER	―・
B	BRAVO	―・・・	O	OSCAR	―――
C	CHARLIE	―・―・	P	PAPA	・――・
D	DELTA	―・・	Q	QUEBEC	――・―
E	ECHO	・	R	ROMEO	・―・
F	FOXTROT	・・―・	S	SIERRA	・・・
G	GOLF	――・	T	TANGO	―
H	HOTEL	・・・・	U	UNIFORM	・・―
I	INDIA	・・	V	VICTOR	・・・―
J	JULIETT	・―――	W	WHISKEY	・――
K	KILO	―・―	X	X-RAY	―・・―
L	LIMA	・―・・	Y	YANNKEE	―・――
M	MIKE	――	Z	ZULU	――・・

第２章　航空機で使う通信システム

航空機にはパイロットが管制官や運航管理者（ディスパッチャー）との通信、それに地上の整備士や機内での客室乗務員との通信などを行えるように多くの通信システムが装備されている。それらは単に相手方との交信にとどまらず気象情報の入手など幅広い目的のために使用されるものである。通信の手段も超短波や短波による従来から行われてきた方法の他に近年ではインマルサットなどの通信衛星を利用した衛星通信が加わり、およそ地球上のどの場所にいても通信ができるように技術革新が進んでいる。まずそれらの全体像をつかんでもらうために通信システムの種類とそれぞれのシステムの詳細を見てほしい。

通信システムの種類

- ■　VHF／超短波　30～300MHz（航空用は 118～136MHz）
- ■　HF／短波　3～30MHz
- ■　SATCOM／衛星通信（satellite communications）
- ■　セルコール　SELCAL（selective calling system）
- ■　フライト・インターホン（flight interphone system）
- ■　サービス・インターホン（service interphone system）
- ■　キャビン・テレホン（cabin telephone system）
- ■　機内放送（PA system：passenger address system）
- ■　航空機公衆電話（aircraft passenger telephone system）
- ●　エアリンク　ARINC（aeronautical radio incorporation）

● エーカーズ（ACARS : aircraft communications addressing and reporting system）

■ VHF／超短波通信

航空機用では、周波数118～136MHzのVHF帯を使用した近距離通信装置。VHF帯の電波は非常に安定した通信ができ、アンテナ系統も小型化されるため、国内線および空港周辺での通信連絡は、ほとんどこの通信装置が利用されている。航空会社では、国内線に会社専用のVHF通信（カンパニー超短波ラジオ）のネットワークを持ち、全路線にわたって空地間の通信連絡に利用している。航空機の通信は、送信、受信とも同じ周波数を使用しているので、送信スイッチを押したときだけ送信状態で、それ以外は受信状態となるpush-to-talk（PTT）方式を使用している。VHFは、FMラジオ放送や地上デジタルTV放送に近い周波数の電波で光の性質に近く、悪天候にも影響を受けないのが大きな利点である。しかし、届く範囲は見通し程度で、障害物があると遮られてしまうという弱点がある。電波の到達距離は飛行高度にもよるがおよそ200NH（370km）前後と考えてよい。

■ HF／短波

3～30MHzの周波数を使用した遠距離通信装置。一般的に国際線を飛行する航空機のみに装備されている。HF帯の電波は、電離層伝播によって遠距離まで到達するが、電離層の状態によって最適の周波数が異なるため、各地域ごとに気候や昼夜の別を考えて数波以上の周波数が割り当てられており、管制官から指定された周波数を用いて通信している。通信電波は従来の振幅変調

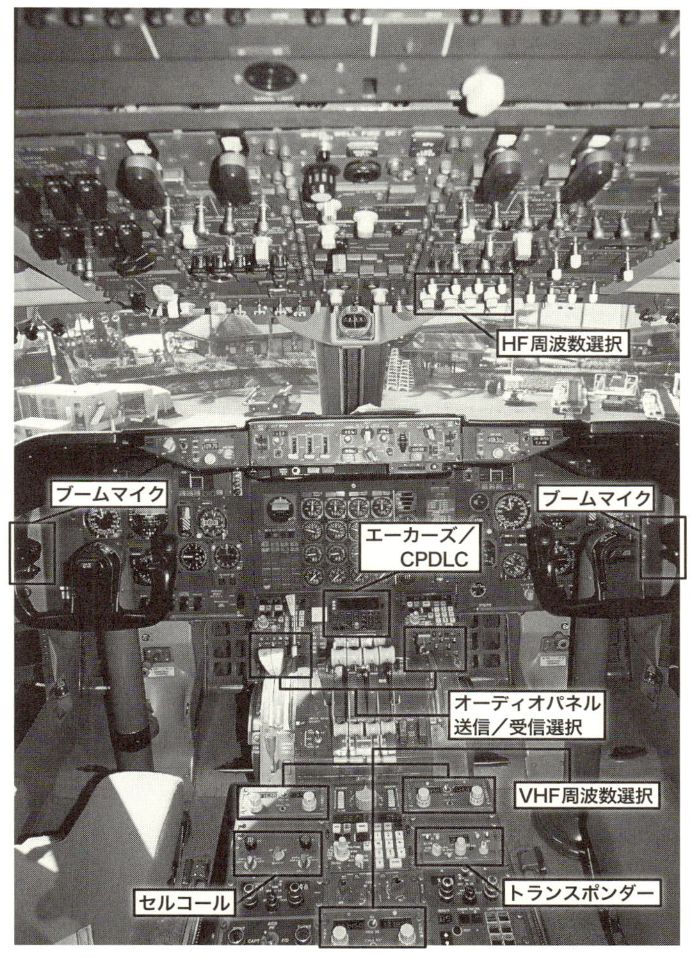

図 2-1　ボーイング 747 コックピット内の通信機器

(AM変調）式に加えて、最近は単側波帯（SSB：single side band）の通信方式が多用されている。振幅変調の場合、周波数成分は搬送波、高側波帯、低側波帯の3成分を持っており、混信することなく通信するには通信周波数の周波数間隔を側波帯の分だけ離さなければならない。SSB方式では上側波帯（または下側波帯）のみを送信するのでチヤンネルの増加が可能であり、消費電力が少なくてすむなどの利点がある。

■　SATCOM／衛星通信（satellite communications）

SATCOMに使用する通信衛星、特に航空通信にはインマルサット社の衛星（注参照）が使用されることが多い。これはインマルサット衛星が全世界をカバーしていることや、洋上通信をサポートしていることが理由である。SATCOMは通常赤道上の軌道に打ち上げられた通信衛星を利用するが、極地方では地球の丸みに邪魔されて赤道上の通信衛星から見通すことができない。このため、極地方ではHFを使用した通信を行うことになる。

（注）インマルサット（INMARSAT：international maritime satellite organization）：インマルサットは、通信衛星による移動体通信を提供する民間企業で本社所在地はイギリスのロンドンにある。1976年に、米国の私企業により打ち上げられた、マリサット衛星による海事衛星通信サービスを母体にし、1979年旧ソ連を含む主要国の参加を得て結成された国際海事衛星機構である。国際協定のもとに運営されており、各当事国は自国の通信業者を指定し業務運営を担当させ、日本ではKDDI、日本デジコム（ミニM型及びBGAN型GSPS型のみ）、JSAT MOBILE communication（BGAN型、GSPS型のみ）がサービスの提供や通信機器の販売、レンタルを行っている。使用する衛星にはインテルサットV号（海事用中継機搭載）、欧州宇宙機関が開発したマレックス、米国のマリサットの3種類の衛星があり、これらを組み合わせて太平洋、大西洋、インド洋上にそれぞれ現用、予備を含め計10個以上の衛星を配備している。これらの衛星と地上設備（端末）の間で、音声通話、FAX通信、データ通信、テレックス、インターネット等の送受信が可能。この場合の地上設備とは、船舶電話、陸上可搬電話、航空機電話などを指す。これらの端末はアンテナの大きさや利用できる機能によりインマルサットA／B／C／D／M／ミニM／Fleet／Aero／BGAN／GXの10種類に分類されている。

■　セルコール（SELCAL：selective calling system）

地上無線局が特定の航空機と交信したいときに、呼び出す装置。各航空機にはそれぞれ異なったコード（４つの低周波の組み合わせ）が指定されており、地上局がHFあるいはVHF通信装置を介して目的の航空機にコードを送信すると、それを受信した航空機のうち、指定されたコードと一致する航空機のみが、操縦室でライトを点灯させると同時にチャイムを作動させて、パイロットに地上局から呼び出されていることを知らせるものである。この装置により、パイロットは受信音声に絶えず注意を払っていなくても地上局からの呼び出しに応じることができる。

■　フライト・インターホン（flight interphone system）

操縦室内における運航乗務員間の連絡通話を行うと同時に、各種の通信や音声信号を各運航乗務員席へ配分する。相互に干渉されることなく各席で自由に選択聴取でき、また、各席のマイクロホンから自由に送信できる。

■　サービス・インターホン（service interphone system）

飛行中なら操縦室と客室乗務員席および調理室（galley）間の通話連絡を、地上なら操縦室と整備点検上必要な機体外部との通話連絡を行うための装置。ただし747等では客室専門用に後述のキャビン・テレホン装置があるので、この装置は主に整備用だけに使われている。機体外部との通話を行う場合、機体外部からハンドマイクとヘッドセットの端子を接続して使用する。

■　キャビン・テレホン（cabin telephone system）

操縦室と客室乗務員席、および各配置に分かれた客室乗務員相互間の通話連絡を行うための電話。747等に装備されている。この装置には、通話の優先順位を与える機能があり、たとえ客室乗務員同士が通話中であっても、優先順位の高い機長の指示が通話に入った場合、それまでの通話をカットして機長の指示が自動的に接続される。

■ 機内放送（PA system：passenger address system）

操縦室および客室乗務員席から、乗客に対して必要な情報を放送するための機内装置。マイクに入った音声は増幅器で拡大され、機内の多くのスピーカーから同時に客室内に放送される。この他、テープ再生装置による音楽を放送できる他、キャビン・テレホン装置と同様、放送に優先順位を与える機能を持っている。

■ 航空機公衆電話（aircraft passenger telephone system）

機内から乗客が外部に電話できるシステムは、以前NTTにおいて自動車電話網の一部を活用し、テレホンカードを使って通話を行う方式が一部の航空会社でとられていたが、すでに終了している。現在ではクレジットカードを使った衛星を介した電話機能が一般的となっており、航空会社やクラス別によって使用状況が異なっているが、国際線でも広く使用が可能となっている。また、2009年からは機内携帯サービスを行っている航空会社もあるが、この場合飛行する領空や利用区間に制限がつけられている。

● エアリンク（ARINC：aeronautical radio incorporation）

北米、欧州の主要航空会社および米国の自動車産業メーカーなどが株主になって設立された非営利団体であり、軍事を含む航空通信の分野で米国の国益を代表する組織。

● エーカーズ（ACARS：aircraft communications addressing and reporting system）

空地デジタル・データ・リンク・システムとして、必要な運航情報をARINCの通信網を介して航空機側から地上へ、または地上から航空機側へ自動的に提供するシステム。出発・到着時刻や出発地・目的地、便名、搭載燃料などのデータはデータリンクの無線通信系を介して地上のエーカーズ無線局に送信される。このデータは無線局から中央の処理装置に伝送され、電文型式にフオーマット変換された通報は、ARINCの電子式蓄積交換装置を介して各航空会社のコンピューター・システムへ直接伝送される。データ通信の内容としては、上述の他最新の気象情報やフライトプランデータの送付、航空機の故障情報などの送付が可能であり、航空機側にも機上プリンターなどが設置されている。現在、欧米をはじめ日本でもVHF–ACARSが実用に供されており、衛星を利用した空地データ通信もすでに実用化されている。

この他、UHF（極超短波）による通信もあるが、軍用機で使われているものなので第６章のその他の通信の項を参照してほしい。

第３章　航空無線通信の「ルール」

(1)「ルール」はどのようにしてできているのか

パイロットと管制官とが無線機で会話を行う場合、送受信は交互に行う。

その方法は､市販のトランシーバーを使うやり方と同じである。パイロットが話すときには送信ボタンを押して（管制官は受信状態）話し、管制官が話すときには管制官側の送信ボタンを押して（パイロットは受信状態）話す。この時、一つの周波数を使っての通信となるので、電話のように相手側の声を聴きながら同時に話すことはできない。こうした方法を単信方式という。そのため的確に相手側に要件を伝えるための話し方のルールが必要となってくる。一例を挙げると相手側が話しているときに同時に送信ボタンを押して自分の話を伝えようとしても、一般の電話回線のようにはならず雑音だけとなって両者の会話は一切聞き取れなくなるのも特徴で､このような原因で大きな事故も多数経験している。

したがって交信は１人ずつ区切りをつけて交互に行う必要がある。

さて、このような航空無線通信の基本を知っていただいて、次にパイロットと管制官がどのようなルールで通信を行い、通信に使用する言葉や数字の発音を整理することとした。

世界中の国々には、さまざまな国の航空機が飛行していてパイロットがどこの国にいっても管制官と交信できるようにするためには、世界共通の言葉が必要である。そこで航空機の運航に関する世界的標準を決めているICAO（国際民間航空機関）が航空管制で使用する標準言語を英語として交信の方法やフライトの各フェーズで使用する用語を定めている。最も基本となる「Phonetic Alphabet」の文字の送信と発音は、国際電気通信条約に基づいて決められている「無線局運用規則」の文字の通話表に記されているものである。それをフォネティックコードと呼んでいる。我が国もICAOが定めた内容をベースに国土交通省の航空局が「管制方式基準」として航空交通管制に係る業務や用語の解説を行っているので、参考にしてもらいたい。

ここで私なりに整理させていただくと、これらの「ルール」や「用語」はあくまでICAOの定めた「基準」であって法律ではない、つまり「このようにやれば航空管制がスムーズに円滑にまわるので見本としてほしい」という主旨と捉えておいてほしいのである。後で著者が実際に世界の空で体験してきた実態も少し紹介するが、実際にはICAOが定めた細かなルールや用語にこだわらず要はお互いに相手に意図が正しくスムーズに伝われば良いとする習慣も少なくないのである。特に緊急事態に遭遇した場合には英語にこだわらず自国語も使い、ルールや用語も柔軟に使った方が良いフェーズもあることに留意をしていてほしい。なお本書で「ルール」と表現している内容については「AIM－JAPAN（以下AIMとする）」からの抜粋による記述も多いが、AIMはそのまま法律でもないので、その点以下にAIMに書かれている文献の性格についての箇所を参照されたい。

「AIM－JAPAN」より

「はじめに

このマニュアルは主に日本の空域を飛行するために必要な基本的情報、一般的な飛行の手順、ATC のプロシジュアを記載しています。また気象に関する基本的な情報、航空の安全に影響を与える諸要素の解説、日常の運航に参考となる諸資料および航空管制に関する用語の解説等も含めています。

このマニュアルの記述は航空法、航空法施行規則、AIP、管制方式基準、飛行方式設定基準、電波法、その他諸規程に基づいていますが、本書は規程ではなくあくまでも航空機の運航と法律の間を橋わたしする「飛行の規範」として編集したものですので、もしこのマニュアルの記述が航空諸規程に抵触する疑いが生じた場合にはそれらの諸規程を優先させなければなりません。」

(2) 通信の始まりはコールサインで呼び合うことから

交信は音声のみでのやりとりなので誰が誰を呼んだのかを明らかにする必要がある。そのために利用されるのがコールサイン(呼出符号、呼出名称）である、定期便の場合は「航空会社名の略称＋便名」で管制機関は「機関名＋業務名」で構成される。

なお、小型機やヘリは機体の登録記号（機体番号）がそのままコールサインとなる。

航空機（定期便）のコールサイン

㊞ JAL735 便＝ Japan Air seven three five

管制機関のコールサイン

㊎ 東京管制官＝Tokyo Tower
福岡管制区＝Fukuoka Control

呼出しの順番

相手局のコールサイン＋**自局のコールサイン**＋**現在位置**＋**メッセージ**

無線交信は、この順番が基本ルール。現在位置は特定のポイントのこともあれば、高度や進行方向を伝えることもある。交信が始まれば、わかりきっている部分は省略し、コンパクトに内容を伝える。

例 ***Tokyo Control, All Nippon1801, leaving 13000, request FL260.***

トウキョウコントロール、オールニッポンワンエイトゼロワン、リービング　ワントゥリータウザンド。リクエストフライトレベル　トゥーシックスゼロ。

トウキョウコントロール、こちらはANA1801便。1万3000フィートより上昇中。高度2万6000フィートを要望します。

(3) 数字とアルファベットの読み方

航空無線では相手方に正確な言葉や数字が伝わらないと誤解のもとになる。例としてよく間違われやすいのに、数字の2と3がある。ツーとスリーは地上でゆっくり話すと間違いは起こらないのに、上空では雑音も混ざって時にどっちか分からなくなることがある。そこで3（スリー）を〝トゥリー〟と発音することで2（ツー）と3（ツリー）との混乱を防ぐこともある。

もっとも両者が交信状況も良好で雑音もない状況ではスリーと普通に呼べばよい。ただ9に関してはナインではなく〝ナイナー〟と呼ぶことをできるだけ心掛けるようにしている。ナインという発音は国によっては否定語として使われていたりするからである。

表 3-1　航空管制における数字の発言

数字	発　音	
0	ZERO	ジーロー
1	WUN	ワン
2	TOO	ツー
3	TREE	トゥリー
4	FOWER	フォウアー
5	FIFE	ファイフ
6	SIX	シックス
7	SEVEN	セーブン
8	AIT	エイト
9	NINER	ナイナー
.（小数点）	DAY-SEE-MAL	デイシマル
100	HUN-DRED	ハンドレッド
1000	TOU-SAND	タウザンド

表 3-2　航空管制における数、小数点の送信ルール

◎数の送信

数は、100 および 1000 単位のものを除いて数字を区切って送信し、1000 単位のときは、1000 の位以上の単位の数字に区切って送信したのちに、“THOUSAND” の語をつける。

［例］

10	ONE ZERO
45	FOUR FIVE
100	ONE HUNDRED
612	SIX ONE TWO
5000	FIVE THOUSAND
21000	TWO ONE THOUSAND
30000	THREE ZERO THOUSAND
35642	THREE FIVE SIX FOUR TWO

◎小数点

小数点のある数字は小数点に相当するところに “DECIMAL” の語を入れる。米国では “POINT” が使われることから、実用上この語も聞かれる。

［例］

118.2　ONE ONE EIGHT DECIMAL TWO

表3-3　航空管制におけるアルファベットの発音
（フォネティックコード）

A	Alfa	アルファ
B	Bravo	ブラボー
C	Charlie	チャーリー
D	Delta	デルタ
E	Echo	エコー
F	Foxtrot	フォックストロット
G	Golf	ゴルフ
H	Hotel	ホテル
I	India	インディア
J	Juliett	ジュリエット
K	Kilo	キロ
L	Lima	リマ
M	Mike	マイク
N	November	ノベンバー
O	Oscar	オスカー
P	Papa	パパ
Q	Quebec	ケベック
R	Romeo	ロメオ
S	Sierra	シエラ
T	Tango	タンゴ
U	Uniform	ユニフォーム
V	Victor	ビクター
W	Whiskey	ウイスキー
X	X-ray	エクスレイ
Y	Yankee	ヤンキー
Z	Zulu	ズール

次に航空管制では地名やFIX名について「成田」（NARITA）など十分にパイロットも認知しているところもあれば、外国人にとって「那須」（NASU）と言われてもよく分らないような地名も多いのは当然であろう。その場合、ナスと言う代わりにノベンバー・アルファ・シエラ・ユニフォームと言えば時間はかかっても確実に伝わることになろう。

このようにアルファベットが確実に伝わるように利用するのがフォネティックコードである。

交信に時間的余裕のある巡航中ならいろいろな会話で確認も可能であるが、時間的に余裕が少ない進入中に間違いが起これば大変だ。

平行滑走路で例えば34Rと34Lのようにライト、レフトも進入中にしばしばコンヒューズされて誤進入もよく発生している。そのためRとLと区別するためRの場合ロメオという言い方を使い「34ロメオ」と発信して確実なオペレーションを実施することがある。

(a) 航空管制における時刻、高度、速度などの送信ルール

◎時刻

時刻を通知する場合は、時分の４桁の数字で、各数字を区切って送信する。誤解のおそれのないときは、時を省略することもできまる。時刻は協定世界時(UTC)のグリニッチ標準時（GREENWICH MEAN TIME；GMT）を使用し、これ以外の時刻を使用する場合は４桁のあとに時間帯の識別符号をつける。例えば、日本標準時刻（JST）を使用する場合にはＩ（India）を後置する。そして、次の「分」へ進むのは、30 秒を過ぎたときに行う。

[例]

1840	ONE EIGHT FOUR ZERO
50	FIVE ZERO
0720（JST）	ZERO SEVEN TWO ZERO INDIA

◎時刻調整

時刻調整を行うときは、４分の１の単位で行い、秒を最も近い 15 秒またはその倍数で表す。

[例]

10 時 12 分 13 秒	ONE ZERO ONE TWO ONE QUARTER
30 秒	ONE HALF
45 秒	THREE QUARTERS

◎高度

高度の単位はフィートを使用し、単位の送信は省略する。1000 と 100 の語を併用する。高度の通報は最寄りの 100 の単位で行う。

[例]

12500 フィート	ONE TWO THOUSAND FIVE HUNDRED
8300 フィート	EIGHT THOUSAND THREE HOUNDRED

◎フライトレベル

フライトレベルの語を前置して、数字を１字ずつ読み送信する。

[例]

FL310	FLIGHT LEVEL THREE ONE ZERO

◎速度

速度の単位はノットを使用する。数字を１字ずつ読み、ノットをつけて送信する。速度調整の指示は指示対気速度（IAS）で行う。

[例]

220 ノット	TWO TWO ZERO KNOTS

(b) 航空管制における針路、旋回角、航空路、トランスポンダーコードの通信ルール

◎針路

001 度から 360 度までの磁針路を、HEADING の語を前置して、3 桁の数字で 1 文字ずつ読み送信する。レーダーによる最終侵入の場合を除いて、10° の単位で指示する。

[例]

5 度	HEADING ZERO ZERO FIVE
10 度	HEADING ZERO ONE ZERO
300 度	HEADING THREE ZERO ZERO

◎旋回角

旋回角は数字を普通読みして、そのあとに "DEGREE" の語をつける。

[例]

30 度	THIRTY DEGREES
180 度	ONE EIGHTY DEGREES
360 度	THREE SIXTY DEGREES

◎航空路など

航空路は G、A、B、W などアルファベットを前置して、ジェットルートは "JET" の語を前置して、数字を普通読みする。

[例]

W10	WISKY ONE ZERO
J25V	JET TWO FIVE VICTOR

◎自動応答装置のコード

ATC トランスポーター(航空管制用自動応答装置)のコードは 4 桁の 8 進数からなっていて、数字を 1 字ずつ読み送伝する。

[例]

3100	THREE ONE ZERO ZERO
2142	TWO ONE FOUR TWO

以上の読み方を基本にして日本の航空局は、ICAO 勧告に準拠して承認、許可、指示、応答などの標準管制用語を航空機の状況に応じて決めている。

（c）航空管制における距離、周波数、滑走路番号、風向風速、高度気圧値の通信ルール

◎距離

距離の単位はマイルを使用し、海里（かいり）または浬（NAUTICAL MILE）が単位である。その他の単位を使用するときは明確に単位をつけて送信する。

[例]

30 海里	THREE ZERO MILES
25 浬	TWO FIVE STATUTE MILES
15km	ONE FIVE KILO METERS

◎周波数

周波数の甲位はメガヘルツ（MHz）を使用し、これ以外の単位を使用するときは明確に単位をつけて送信する。

[例]

120.1MHz	ONE TWO ZERO DECIMAL ONE
364kHz	THREE SIX FOUR KILOHELTZ

◎滑走路番号

滑走路番号は滑走路の方向を 10° 単位の磁方位で、最少の桁を省略して定めたもので、２桁の数字からなっている。平行滑走路の場合は２桁の数字のあとに左を L、右を R とつける。送信は RUNWAY の語を前置して１文字ずつ行う。

[例]

34	RUNWAY THREE FOUR
18L	RUNWAY ONE EIGHT LEFT

◎風向風速

風向は 10 の位の数字に四捨五入した度数を、風速はノットを単位として１文字ずつ読み、WIND の語を前置する。風速が５ノット未満のときは “CALM” として表現する。

[例]

20 度 15 ノット	WIND ZERO TWO ZERO AT ONE FIVE
350 度４ノット	WIND CALM

◎高度計規正値（アルティメーターセッティング）

高度規正値は QNH の語を前置して、３桁の数字で１字ずつ読み送信する。この場合 DECIMAL の読みは省略する。

[例]

29.92	QNH TWO NINE NINE TWO
1013hpa	ONE ZERO ONE THREE HECTOPASCALS

(d) 航空管制でよく使われる用語の英語・日本語表記と日本語訳

英　語	日本語	意　　　味
ACKNOWLEDGE	応答してください	通報の受信証を送ってください。
AFFIRM	そのとおりです	そのとおりです。
APPROVED	許可または承認します	要求事項については許可または承認します。
BREAK	ブレイク	当方は、これにより通報の各部の区別を示します。
BREAK BREAK	ブレイク　ブレイク	送信多忙中、当方は、これにより他の航空機宛の通報との区別を示します。
CANCEL	キャンセル	先に送信した承認または許可をとりします。
CHECK	チェック	装置または手順を調べなさい（通常、返答は期待しない）。
CLEARED	許可または承認します	条件を付して許可または承認します。
CONFIRM	確認してください	当方が受信した次の通報は正しいですか。またはあなたはこの情報を正しく受信しましたか。
CONTACT	交信してください	…と交信してください。
CORRECT	そのとおりです	あなたの送ったことは正しい。
CORRECTION	訂正します	送信に誤りがありました。正しくは…です。
DISREGARD	取り消します	送信した通報は取り消してください。
GO AHEAD	送ってください	送信してください。
HOW DO YOU READ	感明度いかが	当方の送信の感明度はいかかですか。
I SAY AGAIN	繰り返します	当方は明確にするためまたは強調するためもう一度送信します。
MONITOR	聴取してください	(周波数) を聴取してください。
NEGATIVE	違います	違います。承認されません、または正しくありません。
OUT	さようなら	交信は終わりました。さようなら。 (通常 VHF・UHF 通信では使用しない)
OVER	どうぞ	当方の通信は終りました。どうぞ回答を送ってください。 (通常 VHF・UHF 通信では使用しない)
READ BACK	復唱してください	当方の通報を受信したとおり全部復唱してください。
REPORT	通報してください	次の情報を通報してください。
REQUEST	要求します、または要求してください	次の情報を要求します。または次の情報を要求してください。
ROGER	了解	当方はあなたの最後の通信を全部受信しました。 (復唱を求められた場合または AFFIRM もしくは NEGATIVE によって返事する場合は使用しない)

SAY AGAIN	繰り返してください	もう一度送ってください。
SPEAK SLOWER	ゆっくり送ってください	もっとゆっくり送信してください。
STAND BY	スタンバイ	当方から呼ぶまで送信を待ってください。
VERIFY	確認してください	（高度を）確認してください。
WILCO	了解	あなたの通報は了解しました。これに従います。
WORDS TWICE	二度ずつ送ってください	通信困難です。各語または語群を２回ずつ送信してください。
WORDS TWICE	二度ずつ送ります	通信困難ですから、通報中の各語または語群を２回ずつ送信します。

（e）管制方式基準（国土交通省航空局）からの抜粋

【通信の設定】

a　呼出しは、次に掲げる事項を順次送信して行う。
　1　相手局の呼出符号
　2　THIS IS　　　　こちらは
　3　自局の呼出符号
　4　OVER　　　　どうぞ
　〔例〕All Nippon 714, this is Niigata Tower, over.

b　呼出しに対する応答は、次に掲げる事項を順次送信して行う。
　1　相手局の呼出符号
　2　THIS IS　　　　こちらは
　3　自局の呼出符号
　4　GO AHEAD　　　　どうぞ
　〔例〕Nansei 618.this is Naha Tower.go ahead.

c　通信可能の範囲内にあるすべての航空機局にあてる通報を同時に送信しようとするときは、次に掲げる事項を順次送信して行う。
　1　ALL STATIONS　　　　各局
　2　THIS IS　　　　こちらは
　3　自局の呼出符号
　4　通報
　5　OUT　　　　さようなら

d　自局にあてられた呼出かどうか不明確な呼出を聴取したときは、呼出が反復され、自局にあてられた呼出であることを確認するまで応答してはならない。

e　自局にあてられた呼出を受信したが、呼出局の呼出符号が不明確なときは、次のとおり応答する。
　誰がこちらを呼んでいますか、こちらは〔自局の呼出符号〕です
　STATION CALLING〔station called〕SAY AGAIN CALL SIGN
　〔例〕 Station calling Sendai Tower. say again call sign.

f　通信は、呼出し及び応答で開始する。ただし、相手局が呼出しを確実に受信することが明らかな場合は、呼出しを行う局は相手局の応答を待たずに通報を送信することができる。

〔例〕　管制機関(A)　Air France 270, this is Tokyo Control, over.
　　　　航 空 機(B)　Tokyo Control, this is Air France 270 go ahead.
　　　　　　　　(A)　Air France 270, this is Tokyo Control say altitude, over.
　　　　以上を次のように省略することができる。
　　　　　　　　(A)　Air France 270, this is Tokyo Control say altitude, over.

g　通信連絡の設定後であって混同のおそれがないときは、その通信の継続中において自局呼出符号の送信を省略することができる。

〔例〕　Japanair 321, this is Tokyo Approach, report passing Chiba, over.
　　　　を次のように省略することができる。
　　　　Japanair 321, report passing Chiba, over.

h　通信連絡の設定後であって混同及び誤解のおそれがないときは、OVER（どうぞ）ROGER（了解）THIS IS（こちらは）の用語の送信を省略することができる。

〔例〕　Japanair 321, report passing Chiba, over.
　　　　を次のように省略することができる。
　　　　Japanair 321, report passing Chiba.

【送信要領】

①各語を明確に発音する。
②送信速度は通信状況により調整するが、1 分間に 100 語を超えない平均した速度を維持する。
③送信の音量は一定に維持する。
④口とマイクロホンの間の距離を一定に維持する。

(4) 位置通報の内容と順番

パイロットが管制官に対して位置通報（POSITION REPORT）を行う場合には通信内容の順番を正しく守る必要がある。そうしないと受信する側の管制官が記録するのに苦労するからだ。以下に東京からシドニー行きの JAL771 便を例に一つのモデルをまとめたので参考にしてもらいたい。この POSITION REPORT の形は VHF・HF それに CPDLC によるものであれ同様であることをつかんでおく。

「TOKYO RADIO JAPANAIR 771・POSITION・UKATA 1302

(UTC)・FL350・(NEXT POSITION) VASKO・1348 (UTC)・F／R283.5・(TEMP) －40・WIND270／45・TURB CODE2・(REQUEST CLIMB FL370)・OVER」

（注）POSITION：位置。具体的名称以外にも経緯・経度を使うことも多い。その場合 N3350.0E152.00,0 を例とすると音声では 3350N（ノース）、15200E（イースト）という形で報告する。

UTC…国際標準時で UTC という語は省略することがほとんどである。

FL…高度（フライト　レベル）

F／R…残燃料（ヒューエル　リメイン）

WIND…風向、風速

TURB CODE…揺れ状態（タービュランス　コード　0〜6）で 0 の場合省略することも多い

その他…速度を指定されているときは FL の後に「MACH ポイント 82」という具合に報告する。

なお、レーダー管制下の場合、管制側から特別の指示がない場合 POSITION REPORT は、たとえ通報義務ポイントでも不要である。

それは管制側から〝RADAR CONTACT〟と告げられたときから〝RADAR SERVICE TERMINATED〟(レーダーサービス終了) と告げるまでの間である。

(5) 世界で実際に行われている習慣事例

(a) 用語は英語圏の違いで異なる表現に注意

航空機の運航に係る専門用語は米国流の英語と英国系の英語で異なることがある。近年では英国系の国々でも国際的に多く使われる標準用語を使う航空関係者も増えてきているので世界的に見れば統一した用語の使い方が広がって来ているが、英国をはじめアフリカ、オセアニア、アジア等の中でいまだに英国流の専門用語を使うことも予想されるのでどのような用語が使われるのか知っておいた方が良いだろう。以下はその代表例である。

標準的な表現	英国流の表現
Go-Around（進入復行／着陸復行） （ゴーアランド）	＝Overshoot （オーバーシュート）
Traffic Pattern（周回径路） （トラフィック　パターン）	＝Circuit （サーキット）
Landing Gear（車輪） （ランディング　ギア）	＝Undercarriage （アンダーキャリアージ）
Deviate（軌道から外れる） （デェビエート）	＝Orbit （オービット）

この他に、数字の8は英国流では「エイト」ではなく「アイト」と発音することが多いので通信の時に誤解が生じないようによく聴きとることがATCでトラブルにならないためにも必要である。

(b) コールサインを会話の最後につける習慣も

この章の初めで、受信においてもパイロットは管制官から呼び出しを受けたら、まず自機のコールサインを送信してから管制官との会話に入るのがルールと説明したが、応答で先に受信内容から入って最後に自機のコールサインをつけるという方法をとるパイロットも少なくない。例えば「ROGER CLIMB & MAINTAIN・FL350・CATHAY521」という具合に。このようなATCを行うパイロットは英国系の航空会社に多く見られる。キャセイ・パシフィック航空ではほぼ全員、その他カンタス航空やニュージーランド航空のパイロットも多数見られ、会社全体の習慣となっているようだ。

加えて、我が国やその他の国々でも個人的にそのようにコールサインを後につける習慣のパイロットも少なくない。著者は必ず自機のコールサインを先に言って内容に入るようにATCを行っていたが、受け持った女性のパイロット訓練生が管制官から何か言われると気がせくのか、先に内容から入って最後にコールサインをつけるくせがあった。彼女はATCでミスが多く苦労していたので、先にコールサインを言うようにして指導したところATCの中身もしっかりと耳に入るようになって自信を持てるようになった経験がある。ただ著者が知っている限り日本の航空会社でも訓練の場面でこの辺のところはあまり細かく教育していないようで、要はATCをミスしないでしっかりと中身が分かれば良いという雰囲気があるようだ。

(c) コールサインは管制官によって変わることも

我が国ではパイロットも管制官も定期便について大体〝ルール〟通りの呼称を行っているが、米国の管制官は大体においてこちらの呼称に合わせて呼び方を合わせてくれるが、これはいかにも柔軟な米国人らしい。例えば太平洋線で最初に米国の管制官にコンタクトしたときにJAL062便で「ジャパンエアー・ゼロ・シックス・ツー」と自機のコールサインを呼称したら管制官も同じようにリピートして以後ずっと同じ呼称で呼んでくる。

仮にゼロを省略して「ジャパンエアー・シックス・ツー」と最初に言えば、彼等はそれに合わせてシックスツーと答え以後ずっとそれが共通のコールサインとなる。ANA006便で「オールニッポン・ゼロ・ゼロ・シックス」と最初に言えば彼等は「オールニッポン・シックス」と簡単に言いたいところであるが「オールニッポン・ゼロ・ゼロ・シックス」と呼称してくれる。これは大陸内でも同様で例えば、メキシコ行きのJAL012便で仮に「ジャパンエアー・ツエルブ」と言えば、以後管制区が変わってもずっとツエルブと呼んでくる。

加えて米国等では4ケタの便名のフライトでは2ケタずつ呼称する習慣がある「ハドソン川の奇跡」のUSAIR1549便は「カクタス・ヒフティーン・フォーティーナイン」と呼称されたがそれがATCの習慣となっている。

つまり米国ではコールサインや数字の呼称についてはあまりこだわらず日常会話の延長のように使われている感じがある。

(d) 国内線は自国語で通信する国々

ATCは英語を基本とするのが今や航空界の常識となっているが、中国やロシアそれにこれらの国々の影響下にあった、旧ソ連諸国や東欧の一部では航空機と管制官は母国語で通信をする習慣がある。もちろん緊急事態に効果的に対処するために母国語で会話をすることは合理的でもあるが、いつも母国語で通信が行われると他国の航空機にとって安全上大きな問題となる。著者もしばしば中国の上空でこのような状況に遭遇した。英語で話していてくれたら他の中国機がどのあたりにどの高度で飛んでいるかが分かりニアミスや空中衝突を防止するために有効なのであるが、中国語でやられたら他機が大体どちらの方向にいるのかさえ分らず、大いに不安になったものである。ちなみに、IFALPA（国際定期航空操縦士協会連合会）では従前からこれらの国々に改善を求めているが、残念ながら良い状態に向かっているとはいいがたい状況となっている。

近年ではTCAS（空中衝突防止装置）が普及し以前よりも空中衝突は避けられるようになったとはいえ、早期に英語を基本とする航空無線になってほしいと願っている。

（e）ATCで私語はどの程度許されるのか

ATCの周波数では交信で基本的に私語は含まないことになっているが現実には「グッディ」などの挨拶はかなり頻繁に交されている。フランスに飛んでいくと管制官ははじめに必ずといってよいほど「ボンジュール」と言ってくれるように、欧米、オセアニア圏をはじめかつてそれらの国々の影響下にあったホンコンやシンガポール等アジア諸国や日本でも挨拶語は日常的になりつつある。

年末には「メリークリスマス」新年では「ハッピーニューイヤー」なども国際線ではよく交わされる言葉である。

さらに機長のラストフライトでは、日本の管制官でも「長い間お疲れ様でした」などと最後につけ加えてくれることも少なくなかった。これらの会話は厳密にいえば私語にあたるが、過密空港ではなく他の航空機との交信にも支障が出ない範囲であれば問題もないと考えてよいであろう。しかも内容が常識的に許容されるものであれば良好なコミュニケーションのためにも細かいことを言う必要もないと思う。ATC は国交大臣の命令という性格からサービス業務的な性格に変わってきたことを理解していただきたいものである。

ただし、カンパニー周波数や任意でセットした周波数において私語を多く含んでいても、それは他の航空機の安全運航に影響を与えるものではないことから問題はないと考えてもらえればよい。

(f) 通信の最後について「OVER」という用語などについて

一般の無線では必ずといってよいほど送信の最後に「どうぞ」という用語を使うのが習慣になっているが航空無線ではめったに「どうぞ＝ OVER」は使用しない。

先述の管制方式基準の「通信の設定」の(b)にも、OVER、ROGER、THIS IS といった用語は、通信連絡の設定後であって混同及び誤解のおそれのないときは、これらの言葉の送信を省略することができるという趣旨を書いたが状況に合わせて使われているのが現状である。

しかし長々とした通信で一担区切りを入れたいときに「OVER」と言ってみたり、ATC の会話全体を理解したことを伝えたいときに「ROGER」という言い方で済ませたり、過密空域で混信を恐れて確実に自機の ID を伝えたいときに「THIS IS（JAL062）」と呼称することもある。

第４章　パイロットと管制官との通信

(1) 航空機の出発から洋上通信まで

航空機の出発から到着までは長距離フライト（洋上飛行等を含む）を除き、VHF によって通信が行われている。出発時から順に大空港ではクリアランスデリバリーと呼ばれる飛行承認を専門に扱う管制官との交信から始められる。「ATC クリアランス」を取得するためである。そして基本的に ATC クリアランス（飛行ルート、高度、出発方式、トランスポンダーコード等を含む）を取得して初めてゲートから離れて航空機を動かすことができる。次にやはり大空港ではランプコントロールと呼ばれる駐機場内の移動、タキシングを専門に受け持つ管制官と交信、続いて誘導路に入る所からはグランドコントロールと呼ばれる管制官にハンドオフされ、使用滑走路の離陸地点まで誘導される。そしていよいよ離陸となると、タワー管制官が風向風速情報とともに離陸の許可を出す。そして機体が地面を離れ安定的に上昇を開始したと判断されるとレーダーによる出発管制官にハンドオフ（受け渡し）され、その空域（およそ空港から約 30 マイルから 50 マイル高度１万フィートから１万 5000 フィート）から先は航空路管制官に引き継がれ目的地の空港までの管制が行われることになる。

ただし、大空港でない一般の空港ではランプコントロールがなくグランドコントロールが駐機場からの管制を行うことや地方空港や海外では ATC クリアランスの発出から離陸の許可まですべてタワー管制官が受け持っている空港もある。加えて、地方空港では管制官が配置されてなくレディオ（RADIO）と呼ばれる管制指示の中継を行うところも多く、そこでは地上滑走から離着陸まですべて航空機側の責任で運航されることになっている。レディオは航空機側の要望に沿って飛行場を管轄する管制官と連絡をとり、例えば「離陸を許可します」ではなく「滑走路は空いています」という情報を提供、パイロット側が離陸の判断と実施を行うという方法をとっている。話を戻し、航空路管制官の誘導によって目的地に近づいたら、降下指示が出されターミナルエリア（空港から約30マイルから50マイル、高度約1万5000フィートから1万フィートの空域）に接近するとレーダーによる到着管制官に、続いて空港が目視できるような距離に近づくとタワー管制官に引き継がれる。そして着陸後は出発時とは逆にグランドコントロール、ランプコントロールに引き継がれゲートに向かうことになっている。

以上がVHFのよる国内線や近距離国際線の通信のおおまかな流れであるが、長距離国際線や洋上飛行により地上の管制機関から電波の届かない空域を飛行する場合は、HFと後に述べるCPDLC通信が必要となる。HFは洋上管制ではHF帯をSSBモードで受信できる受信機が必要で、アンテナをHF帯に対応したかなり大がかりなものとなっている。そしてHFの使用周波数は一般に夜間は低周波、昼は高周波のものが使われる。そして東南アジアのような場所では、例えばマニラRADIO、ホンコンRADIO、シンガポールRADIOといった主要管制機関で同じ周波数を使うことが多く、航空機がマニラRADIOを呼び出してもホンコンやシンガポールのRADIOが応答することもあったり、他の航空機との混信も日常的に多く発生している。しかし、年々使用が拡大しつつある衛星を利用したデータ通信であるCPDLCでの通信では音声による聞き間違いを解消でき、なおかつ季節や時間帯による最適なHF周波数をいかに上手く見つけるかといった従来からの苦労もなく確実な通信が確保されることになった。CPDLCは日本からの国際線では最初は太平洋線からスタートしたが今では他の路線でも利用が広がり、長距離通信では主流になりつつあると言えよう。

洋上、長距離通信の要領

世界的に航空路管制はVHFによって行われることが多くなってきたが、地上の無線局のインフラ整備が遅れている地域や洋上では現在でも短波であるHFによる通信が必要となっている。もっとも別章で紹介しているCPDLCによる通信が可能となっている地域やそれを装備しているハイテク機ではHFでの通信はかなり使用頻度が少なくなってきてはいるが、それでも場合によってはバックアップとしてHFが必要なことは言うまでもない。日本を基点とするとHFによる通信が必要となる地域は、太平洋、オセアニア、そして東南アジアのフィリピン、シンガポール、マレーシア、インドネシアの区間などであり、ヨーロッパルートに使うシベリア大陸や中国ではVHFによってカバーされている。以前は、例えば成田空港を出発するときにはパイロットは飛行の準備段階で必ず東京RADIOに適当な周波数を使って呼び出し、当該便の使用予定周波数を確認して、同時にセルコールチェック

（注参照）を行っていたものである。HF は電離層伝播（電離層で反射される）によって遠くまで電波が到達するのでかなり遠距離通信が可能である反面、電離層の状態によって最適の周波数を上手く使うコツが必要である。一般に昼間では東京 RADIO を例にとると 21925、17946、17232、夜間になると 10048、5628、2932 という具合に昼間は大きな周波数帯、夜間は小さな周波数帯を使うのが良い。ただし、出発時にあらかじめ指定されていない場合や洋上飛行中に直接 HF を使う場合には昼夜の区別以外にも季節や各 FIR の中で、優先的によく使用されている周波数を知っておくことが便利である。これらの周波数を知るには長年の経験以外にはない。多くの場合、ある FIR（飛行情報区）から次の FIR に入っていくとき、例えばマニラ RADIO から「NEXT CONTACT シンガポール RADIO、ON8942」と連絡がある時と周波数の指定がないときがある。これはめんどうで省略されるのではなく次の FIR ではどの周波数が適当なのか分らない事情からきていることが多い。そうなるとパイロットは自分の経験から周波数を選び相手方を呼び出すことが必要となってくる。私の経験からいえば深夜帯を除くと東南アジアでは 8942 という周波数がよく使われていて、例えば「シンガポール RADIO、JAPANAIR711 OVER」と呼び出すと場所によっては自分の局が呼ばれたと思い、ホンコン RADIO やマニラ RADIO などが同時に返答することも珍しくない。さて、HF は電波の到達距離が長い反面、太陽の活動（デリンジャー現象など）によって電離層の影響が出てどの周波数を使っても相手方とコミュニケーションがとれない場合がある。時に応答がない場合にでもセルコールで呼んできてチャイムと黄色のランプが点灯すればそれをプッシュして消せば相手方も一応セルコールによって当該機の無事を確認ができる。しかしまったく音信不通状態のまま次のFIRに入っていくとなると心配になってくる。それは国によってはADIZ（防空識別圏）を設定して領空に入るまでに必ず事前に位置通報を義務付けていることがあるからだ。ではどうしてもHFで連絡のつかないとなればどうするのか？　反転して引き返す、あるいは無断で領空侵犯を避けて、どこかでHOLDING（上空旋回）するのか、実際過去には旧ソ連等の共産圏の国々へ向かう航空機は必ずADIZの10分前までにはコミュニケーションをとってポジションレポートを行う必要があり、無断で領空に入っていけばどのような扱いになるか何の保証もなかった。冷戦時代ではごく普通のことであったのである。しかしそれらの国々以外では、仮に、次のFIRやADIZまでに通信設定が完了していなくても無線局同士で連絡を取り前の位置通報より類推してそのうちVHF圏内に入って通信設定ができれば良いという慣例があった。この場合パイロット側は一応ブラインドトランスミッションという用語をつけて一方的に最後に行った位置通報内容を通信するのである。それが相手側に、伝っているかどうかは分からないが、ひょっとすると聞こえているかもしれない可能性を信じる他ないのである。そして飛行計画に従って次のFIRやADIZを通過していくのである。もちろん他機やこれまで通信していた局にリレーしてほしいと依頼することを試みるのは当然であるが、これは地域全体が電離層の異常などにより一切の周波数が使用できないときの話である。

（注）セルコール：セルコールとは「SELECTIVE-CALLING」の略で、管制官が個別の機体を呼び出すためのシステムである。機体ごとにあらかじめ登録されたコード（例：AMFS）と一致した場合に、パイロットに呼び出されていることを伝える。このシステムは、長時間飛行するパイロットがいつ呼び出されるかと常に神経を集中していては、負担が大きいため考え出された。

セルコールコードはアルファベットのうち16文字を使用して4文字で構成され、文字にそれぞれ音声周波数を割り当て、同時に2音ずつ2回に分けて音声を送信する。コックピットでは呼び出されるとランプが点灯しチャイムが鳴ることで自機が呼び出されていることを知ることができる。コードは機体ごとに異なるので、音声を文字にデコードすれば機体の登録記号が分かるが、重複もある。

表 4-1　セルコールの周波数

A	312.6Hz	J	716.1Hz
B	346.7Hz	K	794.3Hz
C	384.6Hz	L	881.0Hz
D	426.6Hz	M	977.2Hz
E	473.2Hz	P	1083.9Hz
F	524.8Hz	Q	1202.3Hz
G	582.1Hz	R	1333.5Hz
H	645.7Hz	S	1479.1Hz

(2) ATC トランスポンダーによる位置確認

航空管制で中心的役割を果しているのがレーダーである。当初は1次レーダーといってレーダーアンテナから発射された電波が航空機に当ってはね返ったものを電波が発射されて返ってくるまでの時間を距離に換算して、アンテナからの方位と距離で表示される指示器上の航空機の機影を見て、航空機の位置を知る仕組みであった。しかし今日では2次レーダー（Secondary Surveillance Radar = SSR）といって、アンテナから発射された電波を自動的に航空機のアンテナ（トランスポンダー：自動応答機）で捉えて受信し、それから発射アンテナに送り返す仕組みになっている。

地上からの質問波の種類はパルスの間隔で決まり、モード（MODE）A、B、C、D、Sの5種類があり、航空管制用のモード

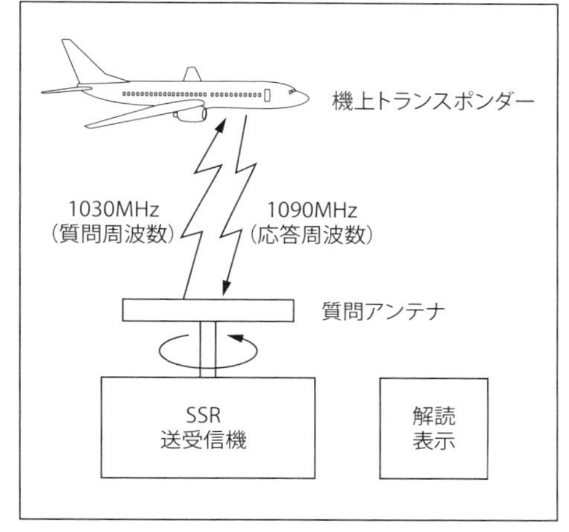

図 4-1　二次レーダーのしくみ

はA、C、Sの３種類が使われる。モードＡにはコード（CODE）と呼ばれるさらに細分化された4096通りの組み合わせが可能な信号が用意されていて、パイロットはこのモードＡとコードを使い、管制官に「航空機呼出符号」や「緊急事態」、「通信不能」、「ハイジャック」などの信号を送ることができる。モードＣは、航空機の気圧高度を、モードＳは航空機に固有の番号を指定し、特定の航空機を選んで同時に質問できる。航空機は出発時に４ケタのコードを指示されパイロットはそれをトランスポンダーにセットする。

以後、そのコードは別の管制区や管制官にハンドオフされて変更を指示されることもあるが、現在では目的地まで変更されずに使われることが多い。さらに近年はこのSSRよりさらに高い性能を発揮できる、広域マルチラテーション（WAM：Wide Area Multilateration）の導入が進められている。SSRが持つ課題の位置情報の更新頻度が遅い（航空路：10秒）点や、航空機を検出できないブラインドエリア（アンテナ直上や山岳エリア）が存在すること、さらには低高度で性能が低下することなどに対し、捕捉スキッタの送信頻度に対応する1秒平均での位置更新が可能となり、また、受信局の配置を工夫することにより、ブラインドエリアの発生や低高度での性能低下を克服できるようになったものである。

WAMは日本国内でも一部の大空港ですでに運用が始まっている。これらではパイロットは地上においても常時トランスポンダーのスイッチはON（入力）にした状況を保つ必要があり、それは地上での衝突防止や誘導に効果を発揮させるためのものである。

(3) トランスポンダーによる緊急送信

２次レーダーのトランスポンダーによる緊急送信とはいずれも1方送信という形をとり３種類がある。(それぞれの緊急事態への対処については後述)

また、すべての緊急事態に対し、４レターのコード（スクォークコードと呼ばれている）を「7700」にセットする。このコードはどのような事態でも使用可能であるが実態としては機材をはじめとする広い意味での運航上の重大なトラブルが発生した場合に使用する。管制官はレーダースコープ上でのスクォークコードによって特定の表示があらわれ警報アラームが作動することで緊急事態発生と判別できてただちに緊急態勢がとられ、他のすべてのトラフィックに優先して当該機の航行が支援される。

緊急事態とは、機材のトラブルや乗客や乗務員の急病発生、出産等いろいろな原因によって、パイロットが判断すればそのように該当する。それに対し管制側としては緊急着陸が必要なら最適な空港をアドバイスしたり、救難態勢を各機関に要請するなどの調整を行うことになる。

次は通信機の故障等によるトラブル発生時である。

これは飛行中にATCとの交信ができなくなるトラブルが発生した事態にVHFやHFなどすべての無線機を使用してもパイロット側と管制側とのコミュニケーションがとられなくなった場合を想定し、スクォークコードは「7600」をセットすることになっている。この場合の管制側のレーダースコープ上での表示と警報アラームは「7700」と同様に発出される。管制官はただちに機の移動等の管制上の優先権を与える等の措置をとることになる。ただし、この種のトラブルも広い意味で初めに述べた緊急事態にも含まれる。

(4) 新世代の衛星を利用した通信システム

これまで述べた１次レーダーや２次レーダー（SSR）による内陸や周辺海域で行われるレーダー管制は、航空機に依存しない状況で航空機の飛行情報を得るので独立監視システムと呼ばれている。これに対し、飛行する航空機から送られてくる情報に基づいて航空管制を行うことは、航空機の情報に頼って管制をすることなので自動従属監視と言う。

そしてこのためのシステムを自動従属監視システム(Automatic Dependent Surveillance System) 略してADSと呼んでいる。

ADSは、現在レーダーを設置できない洋上を飛行する航空機の航空管制に最も有効な方法として利用されている。

ADS は地球上のすべての測位衛星を使うことによって位置情報を得るもので大きく分けて ADS-B の電波を使う近距離フライトと洋上飛行など長距離フライトに用いられる CPDLC と呼ばれる通信システムに分類できるので、次にそれぞれを説明することにする。

(a) ADS-B 電波を使う位置情報通信

ADS-B (Automatic Dependent Surveillance—Broadcast) は、人工衛星（GPS）をベースにより精度の高い航空機の位置情報などを絶えず自動的に送信するシステムで 2009 年から一部の航空機にその機器が搭載された。

システムの最大範囲は通常 370km 未満である。

ADS-B を搭載した航空機は、GPS で得た位置情報を管制官に送り、レーダーよりもより正確な情報を提供する。その情報には速度、高度、方位そして機体情報が含まれ、そのデータは ATC だけでなく、他の ADS-B 搭載機にもそのデータを送り、ADS-B 機同士でも管制官からの情報がなくても相手の確認ができる。また DATALINK を使い、気象レーダーや交通情報を操縦士に伝える。ADS-B は正確な位置情報だけでなく、天候、飛行制限などを精密に伝えてくれる装置で、次世代の航空管制の基本となるものといえる。

ADS-B が発信している情報

①飛行機の ID 番号（MODE-S コード、飛行機がセットした値）
②飛行機の位置情報（緯度、経度）

③飛行機の速度（水平速度、上昇・下降速度）
④飛行機の高度（GPS からの情報と気圧高度計情報）
⑤飛行機の進行方向
⑥システムの状態
⑦スクォークコード

しかしながらルート情報や、便名は ADS-B 発信データには含まれていないため、受信側でデータベースを調べて便名とルート（出発地、到着地、航空会社、レジ番号、ルート情報等）を表示させる必要がある。

ADS-B は、日本国内ではまだ搭載義務はないが、米国では大半の航空機に 2020 年８月１日までに搭載が義務付けられている。ADS-B は航空機同士でも情報が使えるので将来は TCAS（衝突防止装置）にも利用が検討されている。

なお、近年「フライトレーダー24」というスウェーデンの航空ファン向けのサイトが人気となっていて、日常運航に限らず事故発生の際にも航跡や速度、高度、降下率などの情報が誰にでも確認できるようになっているが、このサイトは ADS-B の電波を使って運用されているものである。

（b）CPDLC の運用と操作方法

パイロットと管制官との通信で画期的な方法となって現れたのが航法衛星を中継局とするデータリンク通信の CPDLC（Controller Pilot Data Link Communication）で、管制官とパイロットの航空管制のためのデータリンク通信である。航空関係者は「シー・ピー・ディー・エル・シー」と呼んでいる。このCPDLCはアビオニクスの技術を使った通信システムである。我が国ではすでに、洋上空域の管制に使用されていて、近年ではヨーロッパの一部でも航空路管制にも導入されている。ただし管制間隔が大きく時間的余裕がある洋上空域では問題ないが、ヨーロッパの一部空域では操作上、周波数変更指示、高度変更指示、それに針路変更指示の3つに限定されているようである。これはCPDLCがICAOの標準及び勧告方式でアップリンクが300種類以上定義されていることを考えればごく少量のデータ処理に留っているといえよう。ともあれCPDLCの最大の利点は、HFなど音声による通信がパイロットと管制官相互にヒューマンエラーを発生させるという弱点を克服していることにある。音声によるヒューマンエラーは、単純な聞き間違いからHFのように自然界の電波障害から物理的に雑音が多くミスを誘発することなど、多岐にわたる。CPDLCはデータリンクと呼ばれ、デジタル情報を送受信できる通信装置の開発によって航空機からは航空機の位置、高度、速度、飛行状態、それに風向風速、タービュランスの程度などの気象情報を、管制官からは必要な管制指示を与えることが比較的短時間で行うことができるものである。具体的にいうと飛行中の航空機はGPSで測定した自機の緯度経度の情報を、航法衛星のMTSATまたはINMARSATが放送する補正情報で修正・補強して、その値を航空機情報や飛行周辺の気象情報と一緒にCPDLCのデジタル通信を通して、航空交通管理センター（ATMC）に送る。このとき航空機は、新しく測定した緯度経度の位置から次の経由点（位置）までの方位、距離をIRU（慣性計測装置）で算出して飛行制御装置に伝える。

管制官は「他の航空機との間に間隔があるか」「同一高度に他機はいるか」などの状況を判断して、必要な指示をアップリンクで送信する。

この方式は、ボーイングの実験データによると、管制官が航空機の次の更新位置情報を入手できるまでの時間間隔が、最小でも7分かかる欠点がある。言い換えれば、レーダーのようにリアルタイムに位置情報が更新されないということである。加えて悪天候においてもデータリンクの遅延が発生することも知っておく必要がある。

それでもこのADS（自動従属監視）を使った方式は、従来のように衛星を利用しないで測った推定位置をパイロットが音声で地上機関に伝えていたのに比べて、衛星とコンピューターと通信を利用してより短い時間間隔で地上機関に航空機の移動状況を、音声を介さないで自動的に伝える点で、航空機の空間位置をより高い精度で知らせることができ、安全と効率性に優れていると言える。しかし、CPDLCはこのように大きなメリットがある反面、その操作や送受信が音声によるものと比べ時間がかかるため、例えばパイロットが乱気流に入ったりして高度変更をしたくても返信による管制指示が遅くなることがあるという問題もあり、この時間間隔の短縮化が今後の課題である。それは今後増大する航空機の便数に対処する意味でも重要となってくる。

次にCPDLCによる通信を実際にどのように行うかを説明する。CPDLCを利用できる航空機は当然のことながらその機器を搭載しているものに限られ、それ以外の航空機はこれまでと同様

HFなどを使った音声による通信を行わなければならない。現代のハイテク機はシステム上エーカーズやADS-Bを利用できるように設計されている。航空会社の都合で例えば国内線や近距離国際線が多いのでそれらを不要とすることもあるが、今や長距離や洋上飛行の長い路線を飛ぶ航空機には必要なシステムとなっている。私が国際線を長い間乗務していたボーイング747（ジャンボジェット）でも途中からFMS、エーカーズ、それにCPDLCなどが装備され、現代のハイテク機とほぼ同じ仕様となったので十分に経験することができた。CPDLCを開始するのには上空でまず「ログオン」という操作を行う。タイミングとしてはレーダーを使ったACC（航空交通管制部）による航空路管制で陸地から電波が届かなくなる約200マイルまでにCPDLCに便名などのID情報をパッドに入力して送信ボタンを押して管制側に送信する。するとまもなく〝ピンポーン〟という音とライトの点灯により管制側からの受信メッセージを受け取ることでログオンが終了する。

ログオンが終了すると以後目的地近くまで音声による通信が不要でCPDLCによる通信が行われていく。パイロットはこの時、それまでのVHFやHFによる音声による通信で「CPDLCエスタブリッシュ（設定完了）」とACCに伝えるようにしている。このログオンの操作は離陸後いつでも可能であるが、前にも述べたように通常巡航高度に達するか上昇中時間的に余裕のあるときに行われている。

操作方法は私が乗務していた頃の記憶をもとに再現すると次のようになる。例は日本からハワイに向けて太平洋上を飛行している場合である。

航空機が最初の位置通報点の東経150度線を通過すると「52N150E0950（UTC）、FL310、54N160E（次の位置通報点）1040、F／R210・5（残燃料）・－45（気温）280・40（風向風速）TB2（タービュランスコード）RQESTFL350」などとメッセージをパッドに入力してCPDLCのボタンを押し確実に送信されたのを確認する。そしてしばらくするとセルコールのように〝ピンポーン〟という音とライトによって管制官からの返信が確認されるのでパッドに現れたメッセージを読む。そこに通常の位置通報メッセージに加え高度変更も次のように「JL073、CLIMB & MAINTAIN、FL350、REPORT・REACHING」というメッセージが入るのでパイロットは音声通信で言う〝ラジャー〟から始まる復唱も不要でFL310からFL350へ上昇を開始する。そしてFL350に達したら、「JL073　FL350」と送信する。CPDLCはこのように位置通報のみならず、高度変更などいつでも行えるのは言うまでもない。

さて、CPDLCはこのように従来の短波（HF）を行う洋上管制などに比べて通信が安定していることや文字が残るので聞き間違いがないなどの利点がある一方、情報更新にはレーダーの約80倍の時間がかかり管制官としても約10分間は次の管制指示を出せないという弱点もあり、今後この問題が解決されることによってより多くの航空機の管制が実現できることであろう。加えてCPDLCでは他の航空機の交信が聞けないという問題がある。実際の管制では、ADS-Bの位置情報と組み合わせ利用されているのを知っていてほしい。

第５章　パイロットと運航管理者との通信

(1) VHF・HF・エアリンクを使う通信

コックピットの中にはVHFによる通信システムはボーイング747では３基備っていたが、現代の双発ジェット旅客機では一般的に２基が標準となっている。一つのシステムには管制官との連絡用で、切り替えスイッチで二つの周波数を使い分けられるようになっている。通常は現在使っているATC用の周波数の他には次にハンドオフされて使うと予想される周波数をプリセットしておく。他の一つのシステムはカンパニー用でそれぞれの航空会社のフライトオペレーション、つまり運航管理者（ディスパッチャー）との通信用である。ただしここでも切り替えスイッチが付いているのでカンパニー周波数の反対側の窓には121.5の緊急周波数やATIS（飛行場情報サービス）の周波数をセットしておいてタイミングによって使い分けているのが現状である。

次にVHFが届かない洋上など長距離フライトではエアリンクという衛星を使った長距離通信が使われてきた。例えば太平洋ではサンフランシスコエアリンク、アジアではホンコンドラゴン、欧州などではスピードバードロンドンと呼ばれる民間の通信会社が中継してパイロットと会社の運航管理者と直接会話ができるようになっている。その無線局の周波数はHFで、局を呼び出すとアンテナをこちらに向けてよりクリアーな会話ができる。現在最も有効に使われているエーカーズはデジタルプリントを介した通信である。緊急事態の細かい内容や病人の具合など微妙な表現を要する場合にはエーカーズに加えて先に述べたVHFやエアリンクによる会話も有効なので、その使い方や電波の届く範囲や有効周波数などを理解しておくこともパイロットにとって重要であることに変わりはないだろう。

VHFサブネットワークとHFサブネットワーク

VHF地上無線局ネットワークは、リアルタイムに世界中どこからでも通信できるように構築されているが、VHF通信は見通し距離しか行えないので、航空機は地上の無線局（RGS：Remote Ground Stations）とのみしか交信することができない。交信範囲は高度によって変わるが、高々度であれば通常200マイル（約370km）程度である。

衛星とHFサブネットワーク

衛星通信は極地のような高緯度地域を除き、世界中を交信範囲に持つ。短波（HF）データリンクは比較的新しいネットワークで、その設置は1995年に始まり2001年に終了した。HFデータリンクは新しい極地ルートに対する役割を担い、これを搭載する機は地上局（ATCセンターと航空会社の運用本部）と通信しながら極地ルートを飛ぶことができる。ARINCはHFデータリンクの唯一のプロバイダーである。

表5-1　航空会社のカンパニー周波数

航空会社	ターミナル用周波数	エンルート用周波数
JALグループ	129.15 129.25 129.225 129.375 130.00 130.10 130.175 131.85 131.20（RAC／129.80）	121.95 128.50 128.925 129.15 130.25 131.90
ANAグループ（アイベックスエアラインも含む）	129.10 129.475 129.65 129.85 130.20 130.45 130.60	129.65 129.70

国内エアライン（その他）のカンパニー周波数

航空会社	ターミナル／エンルート用周波数
エア・ドゥ	122.425 123.675 129.10 129.85
スカイマーク	122.425 123.675 129.25
ソラシドエア	129.10 129.275 130.46
スターフライヤー	128.975
オリエンタルエアブリッジ	130.40 130.60
フジドリームエアラインズ	122.425 130.175 130.10
日本貨物航空	129.475 129.65 129.70 129.85 130.45
北海道エアシステム	128.50 130.10 131.85 131.90
新中央航空	129.30
天草エアライン	130.10 130.175
第一航空	129.45 123.50
東邦航空	129.25 130.85
ピーチアビエーション	129.10 130.45
ジェットスター・ジャパン	131.90 131.85
バニラエア	129.70 130.45 129.65
スプリングジャパン（春秋航空日本）	129.55 122.425 128.50
エアアジア・ジャパン	129.90 128.90 122.425 131.00

エーカーズ周波数

周波数	使用エリア
129.125	北アメリカ（副周波数）
130.025	北アメリカ（副周波数）
131.25	日本（主周波数）
131.45	日本（主周波数）
131.475	アメリカ、カナダの航空会社内専用周波数
131.525	ヨーロッパ（副周波数）
131.55	北アメリカ、アジア、太平洋（主周波数）
131.725	ヨーロッパ（主周波数）
131.825	ヨーロッパ（主周波数）
131.95	日本
131.85	ヨーロッパ
136.750	ヨーロッパ、北アメリカ
136.900	ヨーロッパ
130.425	北アメリカ
130.45	北アメリカ
131.125	北アメリカ
136.800	北アメリカ
136.850	北アメリカ

その他のカンパニー周波数

使用機関	周波数
航空機使用事業各社	123.50 128.30 128.90 129.00 129.25 129.55 129.80 129.85 129.90 129.95 130.05 130.10 130.15 130.35 130.40 130.85 131.125 131.30 131.50
海上保安庁	130.30 134.50
航空局	122.30 123.20
警察庁／都道府県警察	135.95
消防庁／都道府県防災	122.95 123.25 123.45 129.75 130.15 130.30 131.15 131.80 131.875 131.925 131.975 135.85 135.95
宇宙航空研究開発機構	129.95
中日新聞社	132.00
毎日新聞社	135.40
朝日新聞社	133.10
産経新聞社	134.20
読売新聞社	134.90
航空機製造・修理会社（三重、川重、富士重、日本飛行機、ジャムコなど各社）	122.40
三菱重工（小牧製作所）	126.40 345.00
航空大学校	122.90 123.00 123.40
朝日航洋	122.40 129.60 131.125
中日本航空	131.30
セントラルヘリコプターサービス	128.975 130.15 131.125
西日本空輸	128.90

日本乗り入れ外国エアラインで使用されているカンパニー周波数
（＊国内各地で使用）

周波数	121.10 129.85 130.56 130.90 131.05 131.10 131.65 131.70 131.75 131.85 132.05

(2) エーカーズ（ACARS）という通信システム

今日、近代的な民間航空機が航空会社とのやりとりで第一義的に行う通信手段となったエーカーズについて説明したい。

ACARS（Aircraft Communications Addressing and Reporting System）とは、無線または衛星による地対空の小容量メッセージの送信に供されるデジタル・データリンクシステムであり歴史的には1980年代後半に多くの航空会社が採用して今日に至っている。データ通信が供されるまでは、地対空通信はVHFまたはHF帯の音声通信に頼っていた。多くの場合、それは専用の無線通信士を必要とし、デジタルメッセージは航空テレタイプなどのシステムから再選されていた。これらの労力を減らし、データの統一性を向上させるために導入されたものがエーカーズである。

エーカーズというと、しばしばアビオニクス（aviation electronics）やLine-replaceable unit機器の一つと混同されるが、エーカーズとは地上と機上の総合的なシステムの総称である。機上では、エーカーズはアビオニクスコンピューターであるMU（ACARS Management Unit）、CDU（Control Display Unit）で構成され、MUはVHF帯の電波で地上とデジタルメッセージの交信ができるように設計されている。

地上では、エーカーズはデータリンクメッセージのやりとりができる無線通信機をつないだネットワークで構成され、メッセージを航空会社各社に配信できる。

そして、衛星を利用した通信では航空機のSATCOM（サテライト・コミュニケーション）アンテナを使って電波を送受信する仕組みとなっている。

運用周波数（VHF）

国内線などの無線通信に使用する電波はVHF帯のAM波が利用され日本では131.45または131.25が受信状態によって使い分けられ使用されている。

表5-2　無線通信に使用する電波はVHF帯のAM波が利用される

周波数	電波形式	対象地域
131.450MHz	A2D	日本周辺
131.550MHz	A2D	国内航路中心
131.550MHz	A2D	アメリカ地域／1ch
130.025MHz	A2D	アメリカ地域／2ch
129.125MHz	A2D	アメリカ地域／3ch
131.725MHz	A2D	ヨーロッパ地域

・上記周波数は「周波数表2014-2015」（三才ブックス）より引用
131.450MHzと131.250MHz以外は実際に受信していない。

機側と地上側との具体的な運用方法

エーカーズの運用はまずパイロットが出発準備作業として便名と日付をコックピット内のCDUを使って航空会社のオペレーション部門に送信して、それが正しく受信されたという返信メッセージの受領から始まる。出発時までにオペレーション部門から送られてくるのは、W＆B（ウェイト・エンド・バランス重量分布図）シートや運航管理室でのブリーフィング以後に入手した新たな情報（例えば他機による乱気流情報など）である。一方パイロットの方もこれまでVHFの音声を聞いてメモ書きしていた

ATIS（飛行場情報）を30分単位で新しいものに切り替わるものをエーカーズを使ってデータのプリントアウトとして入手が可能となった。そしていったん出発すると今度は航空機側からはまず自動で航空機の位置（緯度・経度）や高度、燃料、それにエンジンパフォーマンスデータが定期的に地上に送信される。加えて機体にトラブルが発生してコックピット内の計器にメッセージが現れるとその内容を会社のオペレーション部門とエンジンメーカーにも送信されるようになっている。

この他航空機側と地上との間でありとあらゆる情報交換（フリーテキスト）が可能となっている。航空機側からは到着時刻、乱気流や風向風速の情報や病人の発生とその対処要求などが、地上側からは目的地、代替空港などの天候情報、他機からの情報、NOTAM（飛行情報）、ATISそれに到着ゲート等が送られてくる。

航空管制にも使用され始めたエーカーズ

エーカーズは機側と航空会社間との通信に使われるものであるが近年ではATC（航空管制）にもその利用が広がってきている。その代表的なものが、パイロットがクリアランスの要求を行い、管制官がこれを承認するときに使われる。日本では、羽田空港でのデリバリー（トウキョウデリバリー）との交信（121.85MHz）の代わりにこのデータリンクが使われることになって、出発機で混雑の時間帯で従来のように混信もなくなりスムーズな伝達と音声による間違いもなくなるという効果が出ている。ただし、JAL、ANA、エア・ドゥなどの一部の機器を備えていない古い機材では従来のように音声による交信が行われている。しかし近い将来、大空港ではすべてデータリンク方式に変っていくことであろう。

第６章　その他の通信

(1) 客室内での通話

客室内での通信システムはまずPA（passenger address）である。クルーが「ピーエー」と呼んでいるもので、コックピットから乗客へのアナウンスなどを行うものである。それは乗客への挨拶から緊急時における指示までさまざまであるが、後で述べるようにフライトインターフォンが使えないときには機長がPAを使って客室乗務員へ指示を出すときにも使用されるものである。ボーイング747を例にとると、管制官や整備士などとの通信に使うブームマイクやハンドマイクの他に専用の機器が備わっていて客室乗務員との連絡に使うフライト・インターホン（FI：Flight Interphone）も、そこに内在している。それは客室内でいつも客室乗務員がアナウンスするときに使っているのと同じタイプのものである。次にパイロットと客室乗務員との連絡に使われるFIを説明したい。FIはコックピットから客室乗務員全員を呼び出して指示を出したり、到着前の情報などを与えたりするものである。これをオールコールと呼んでいる。その他各客室乗務員を個別に呼び出すことも可能である。一方客室乗務員が操作する立場からは「PPコール」と呼ばれるコックピットへの緊急コール（コックピットではチャイムも鳴る）や客室乗務員の間だけで個別または全体で会話をすることも可能である。ただしそのように客室乗務員同士で通話している最中にも何等からの理由でコックピットから至急連絡をとりたいときにはいつでもオールコールで割り込めるようになっていて、一般の電話のように話し中だからしばらく待つという必要はない。

このようなPAやFIシステムは運航に重要な役割を持つもので通常の電気系統の故障や不時着などによるトラブルが発生してもバッテリー電源がそれをバックアップして最後の最後まで使用可能とされている。客室乗務員等の定期訓練では緊急時には拡声器を使って乗客の避難誘導に当るように訓練されているが、それは最悪の事態と想定したものでほとんどの場合PAやFIは使えるので多くの乗客への指示を与えるためにはまず先にこれらを使った方が有効である。

(2) 空港の天気を知るVOLMET

目的地や代替飛行場などの空港の天候を知るには現代ではすでに述べたエーカーズを使えば簡単に情報が手に入る。エーカーズを使えば各空港の現況のみならず天気予報やATIS情報も入手できるのでここに述べるVOLMETはあまり使われなくなったと思われるが、一方で一度に多くの飛行場の現況や予報を入手できるので使い勝手も良い。VOLMETとはHFを主体とした「受信専用」の放送で大体1時間に2回放送されるものであるが、HFによる通信同様、場所や電波の状況でいつもクリアーに聞けるとは限らないという制約もある。しかし、表6–1のように日本の場合は成田から始まって北は新千歳から南は福岡まで続けて放送されるので一般に低気圧のように西から移動する天気の変化傾向も分かるので目的地の到着予定時刻における天候を予測することもできる。

余談になるが筆者が副操縦士の頃、ホノルルから成田までの約8時間のフライトで、ある機長から「30分おきにTOKYO VOLMETを聞いて到着時の天気図を作成してみろ」と指示されたこともあった。そのような「教育」を行う機長は一人だけだったが、上空でゆっくりすることもできず、いざ着陸となったら疲れ切っていたことだけは覚えている。今のパイロットはエーカーズが主流となっているのでそのような苦労をすることはないであろうが……。

表6-1　VOLMET放送局周波数

ステーション	放送時間	周波数（kHz）	情報提供空港
TOKYO	毎時10分、40分	2863 6679 8828 13282	Narita, Kansai, Tokyo, New Chitose, Centrair, Fukuoka, Seoul
Hong Kong	毎時15分、45分	2863 6679 8828 13282	Hong Kong. Naha. Taipei, Gaoxiong. Manila, Mactan, Guangzhou
YOKOTA	毎時00、30分	4747 6738 8967 11236 13201 18002	Elmendorf, Kadena, Osan, Yokota

表6-2　カンパニー以外の特殊なエアバンド周波数

国際緊急（呼び出し）周波数	121.50　243.00
救難用周波数	123.10　247.00
国内用航空機相互周波数（ローカル）	122.60
アジア太平洋地域（国際）・航空機相互周波数	123.45　128.95
北大西洋地域（国際）・航空機相互周波数	131.80
国内防空管制用（ADIZ）周波数	124.90（北日本）133.90（南日本）

(3) 空港に関する情報を伝えるATIS

ATIS (Automatic Terminal Information Service) は飛行場情報サービスのことで、大きな空港で利用できるVHFによる受信専用の航空無線である。その内容は、進入滑走路と進入方式、出発滑走路、天候、滑走路状態、ノータム等で、On The Hour (Time) と30分と原則1時間に2回発出され、それぞれにA～Zまでのコードがつけられる。パイロットは地上管制官出発管制、それに進入管制官と交信するときにATISを受信したときのコードを伝えて情報の認識を共有し、以後パイロットがいちいち管制官に何かを聞くという作業が省略できるというわけである。

(例) 羽田空港　ATISインフォメーションGの内容

TOKYO INTERNATIONAL AIRPORT INFORMATION G 0300UTC

　羽田空港ATIS G 国際標準時3時

ILS 34L APPROACH AND ILS 34R APPROACH

　進入方式はILS34LとILS34R

LANDING RUNWAY 34L AND 34R

　着陸滑走路は34Lと34R

DEPARTURE RUNWAY 05 AND 34R

　出発滑走路は05と34R

SIMULTANIOUS PARALLEL ILS APPROACH IN PROGRESS

　同時平行ILSアプローチを実施中

DEPARTURE FREQUENCY 120.8 FROM RUNWAY 34R 126.0 FROM RUNWAY 05

34R から出発の管制使用周波数は 120.8MHz、05 は 126.0MHz

WIND 140 DEGREES 5 KNOTS VISIBILITY 10KM

風は磁方位 140 度から 5 ノット、視程は 10km

FEW 600FT SCT 1500FT SCT 2000FT CB KN 3000FT

高度 600 フィートの雲は全天の 8 分の 2 以下、1500 フィートは 8 分の 3 から 8 分の 4、2000 フィートは 8 分の 3 から 8 分の 4、3000 フィートは 8 分の 5 から 8 分の 7

TEMPARATURE 30 DEWPOINT 20

気温は摂氏 30 度、露点は摂氏 20 度

ALTIMETER 29.89 INCHES

気圧高度補正値は 29.89 インチ

REMARKS CB 10KM NORTH MOVING EAST

北 10km に積乱雲あり、東へ移動中

ADVICE YOU HAVE RECEIVED INFORMATION G

インフォメーション G を受信していることを報告せよ

(4) 軍用機による通信

上空で民間航空機が必要に応じて（主に緊急事態）軍用機の援助を必要としたり、軍用機が民間航空機と連絡をとろうとするときには、VHF の 121.5MHz を用いて交信することが可能である。軍用機は UHF（極超短波）の電波を使用している。その理由は、波長が短くアンテナを小型軽量化できるので戦闘機などの小型機への搭載に適しているからである。それは、戦闘機などは航続距離が短いので電波の到達距離を考慮しなくてもよいということも

理由の一つである。ともあれ、そのような関係でUHFを装備していない民間航空機はUHFによる軍用機との通信は不可能で、共通のVHFの121.5MHzを使用する以外の方法はないということである。

第７章　緊急時の通信

緊急時とは、広義としては機長が緊急事態と考えればそのすべてが該当するものである。例として、遭難、機材のトラブル、悪天候、燃料不足、乗務員を含む急病人の発生、ハイジャックや機内での暴力行為、テロ、他国の軍用機からの要撃、それにパイロットの自殺等の故意の犯罪行為と考えればキリがないほど多くの事態が考えられる。

いずれの場合にもパイロットは管制官や関係機関に緊急の通報を行う必要がある。その場合、どのような方法で通報を行えば良いのかをまとめてみたい。ただしこのうち、「管制官とパイロットが通信不能に陥った場合」「ハイジャックされた場合の通信」それに「他国の軍用機から要撃を受けた場合」については別途詳述するのでそれを参照してほしい。

この章では一般的な緊急通信と遭難時の通信について述べてみることにする。AIM では「遭難および緊急時の手順」という項があるのでまずその中から一部抜粋して紹介したい。

(1) 遭難および緊急時の手順

遭難もしくは緊急状態にあるパイロットは、ただちに次の行動をとるべきである。ただし順序は次のとおりでなくともよい。

イ）可能ならばVMC（有視界気象状態）を維持して上昇する。
　これは通信の到達範囲を広げるとともに、レーダーに捕捉されやすくするためである。ただし VMC を維持できないならば、管制空域内を無断で上昇あるいは降下してはならない。

ロ）管制機関等と通信を設定し、緊急あるいは困難の状況を通報する。ただし遭難呼出しおよび遭難通報は、その航空機の指揮者（PIC）の命令によってのみ発出すべきである。遭難通信においては、各通報の始めにMAYDAYを3回送信する。緊急事態を宣言したとき、管制機関がこれを了解したならば別に指示されない限りATC機関により指示されたトランスポンダーのコードを作動し続ける。（必ずしも7700の必要はない）

ハ）ATCと通信設定ができない場合あるいは緊急の内容を通報することができない場合はトランスポンダーを7600、あるいは7700にセットする。

（2）使用周波数

遭難／緊急通信の最初の送信はそれまで使用中の指定された周波数によって行う。しかしパイロットが必要と判断した場合は緊急用周波数121.5MHz、243.0MHz（洋上では2182KHz）を使用してもさしつかえない。その後ATCから使用周波数を指定された場合はその周波数を使用する。また通信の設定が困難なときは、他のあらゆる周波数を使用して通信の設定に努めるべきである。

【遭難および緊急の呼出し】

遭難あるいは緊急状態に陥ったパイロットは、下記の要領で遭難あるいは緊急の呼出しを行う。

1）MAYDAY……3回（遭難通信の場合）

またはPAN-PAN……3回（緊急通信の場合）

2）自機のコールサイン……3回

3）周波数（国内飛行では必要な場合のみ）

注1）遭難呼出しは他のすべての通信に対して絶対的な優先権があり、MAYDAYの用語はその周波数を聴守しているすべての局に沈黙を命令するものである。
この呼出しは特定の局にあててはならない。

注2）緊急通信は遭難通信を除くすべての通信に対して優先権があり、PAN-PANの用語は他局に対してその通信を妨害しないようにという警告でもある。

(3) 遭難および緊急の通報

遭難あるいは緊急の呼出しに続いてできる限り速やかに直面している困難な状態の内容、パイロットの意図等を通報し、必要とする援助を要請する。遭難／緊急通報はなるべくこの順序で送信することが望ましい。

1）MAYDAY／PAN-PAN

注1）緊急事態を通報する場合、VHF／UHFではEMERGENCYが使用されることもある。

2）自機のコールサイン

3）現在位置とヘディング（磁方位）（もしくは最後の確実な位置、時刻、その位置からのヘディングと対気速度）

4）高度および残燃料（飛行可能時間）

5）航空機の型式

6）遭難もしくは緊急状態の種類（内容）

7）パイロットの意図（とろうとする措置）

8）搭乗者数

9）その他の情報

注 2）遭難／緊急呼出しに引き続いて通報する場合は 1）および 2）は省略する。

注 3）遭難通報を行うべきか緊急通報を行うべきかの判断の目安としては、何等かの方法で飛行場等の着陸に適した場所に到達できる見込みのある状況までを緊急とし、そこまで到達できる見込みのない状況のときを遭難とする。

以上が AIM の関連記述であるが、本書の冒頭でも述べているように、通信方法や用語についてすべて ICAO や AIM に記述されたとおりに実施する必要はない。緊急事態に遭遇したら一言「Declare Emergency（緊急事態を宣言する）」とその時に使用している周波数で呼称すれば良い。もちろん「MAYDAY」を繰り返し呼称しても良い。そして AIM では通信手段としては VHF と HF それに ATC トランスポンダーを使うこととしか書かれていないが現代においてはエーカーズなど衛星を利用した通信システムが、世界中どの場所でも有効利用できる可能性があるのでカンパニーやエンジンメーカーを通して関係機関に連絡をとることも可能となっている。

遭難発生（不時着水等）が起きてしまったときの通信

ここでは実際に不幸にも不時着や着水となった場合に機体が大きく破壊して VHF、HF、エーカーズ等の機器が使用不可能となった場合にどのような通信システムが残されているかを説明する。その第1はELTと呼ばれる航空機に搭載されている発信機である。

(a) ELT (Emergency Locator Transmitter) が発信する電波

海上や陸上に不時着した航空機の位置を知らせる目的で作られた発信機で、機内から脱出時に手持ちで運ぶ主導型と機体の垂直尾翼付近などに内蔵し、激しい衝撃で電波を発射する自動型や水上に投げ込むと作動する水上型がある。機内搭載の数は航空会社によって異なる（持ち運びタイプはJALの747で4個搭載）が、後者の自動受信タイプはJALなど一部の機体に留まっている。ELTは内蔵した電池で作動し、406MHzで海上保安庁の運用する捜索救難衛星（cospas-SARSAT）に識別符号を含むデータを送信し、121.5MHzで航空機または救難用船舶向けに独自の信号音を送信する。水上型の場合ELTが作動するには海水などの水分が必要で、海上着水の場合はこれをビニールカバーから取り出して海中に落せば水分を感知してアンテナが立ち発信を始めるが、水分の得られない陸地に不時着した場合はペットボトルの水か最悪の場合「少水」をビニールカバーと本体の間に挿入してアンテナを立てる必要がある。

ELTは、以前は陸上から一定の距離以上の水上飛行を行う飛行機のみに搭載義務があった。平成20年（2008年）航空法施行規則の改正で水上飛行の有無にかかわらず、飛行機には１または２式のELT（うち１式は自動型ELT）の装備が義務付けられた（ただしすでに対空証明を取得している飛行機は自動型でなくても良い。）

さて上空を飛んでいるとどこかのELTが作動してその電波を拾うと、コックピットでは〝ヒューン・ヒューン〟と警報音が鳴る。音速の0.8くらいで飛ぶ民間ジェット旅客機では約3分は鳴り続けるのでパイロットは「ELTサウンドを北緯○○度東経○○度でキャッチ」などと関係管制機関に連絡することが義務付

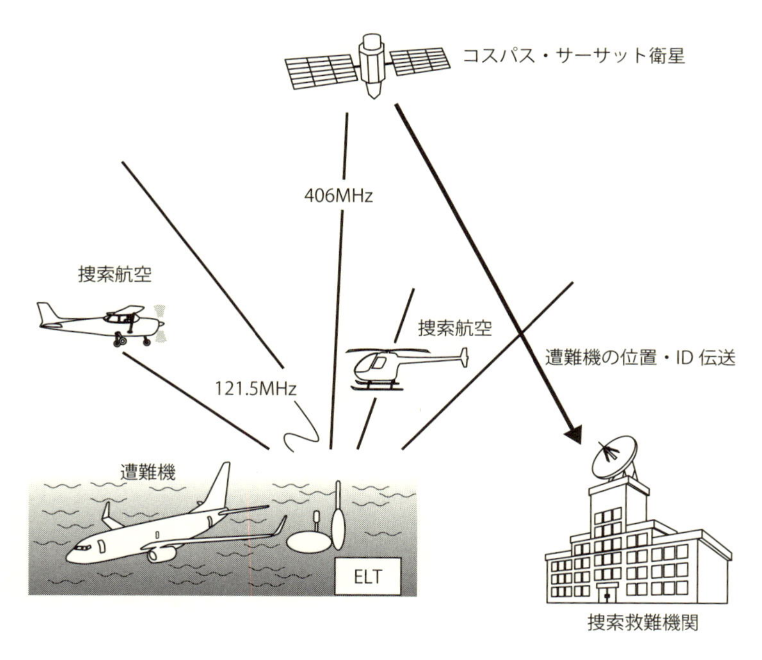

ELTの概要

a 発信電波の周波数	出力時間	電波の形式
121.5MHz	48時間以上	AM
243 MHz	48時間以上	AM
406 MHz	24時間以上	デジタル

b 遭難信号には、国籍記号も含まれている。
c 重さ 約2.1kg、完全防水で水に浮く。

図7-1 航空機用救命無線機（ELT）

けられている。経験的にほとんどが誤発射であるが、関連機関は万が一のために、確認作業に当たることになっている。誤発射の原因はアクロバット飛行、ハードランディング、地上での運搬時に多いとされている。しかし、実際にELTの電波を他の航空機が受信して捜索が成功した事例を紹介してみたい。

＜チャイナエアライン611便墜落事故＞

2002年5月25日、台湾の台北にある中正国際空港を離陸して香港に向かっていたチャイナエアライン（中華航空）611便のボーイング747-209Bが、膨湖群島の北東約45kmの台湾海峡上空で消息を絶った。当該機は、離陸後15時16分には高度18700フィート（5700m）を通過し、その時点で高度35000フィート（10668m）に上昇してそれを維持し、次の経由点である「カドロ」に直行する指示を受けた。その約13分後に611便は35000フィートに近づいたのだが、そこでレーダー画面から機影が消えたのである。15時40分前後には、近くを飛行していた２機のキャセイ・パシフィック航空機（1機は446便、もう１機は不明）から、緊急時位置通報装置（ELT）の信号を受信したとの連絡が入った。

すぐに大規模な捜索が開始されて、17時05分には台湾空軍のC-130Hが馬公の北東37kmの海面上に油の帯を発見した。こうして611便の墜落が確実視された。墜落地帯が特定されると海中の捜索が開始されて、ブラックボックスも回収された。機体の残骸の回収率は15％程度とされ、その中にはコクピット部分も含まれていた。

★

ちなみにこの事故は、以前に香港で着陸時に滑走路に末尾をぶつける、いわゆる尻もち事故を起こしていて修理が行われていたもののボーイング社の修理マニュアルの指示通りになされず飛行を続け、与圧システムの加圧減圧が繰り返されて金属疲労によって空中分解したとされている。乗客乗員225人全員が死亡した大事故となったが、それより17年前に起きていたJAL123便事故の教訓（修理ミス等）が生かされていれば防げた事故なので残念でならない。

(b) ブラックボックスから発信される電波

次にELTと同様、機体に搭載されているいわゆるブラックボックス（DFDRとCVR）から発信される救難信号を説明する。

DFDRとは、デジタル・フライト・データ・レコーダの略、CVRはコックピット・ボイス・レコーダの略で、ともに航空事

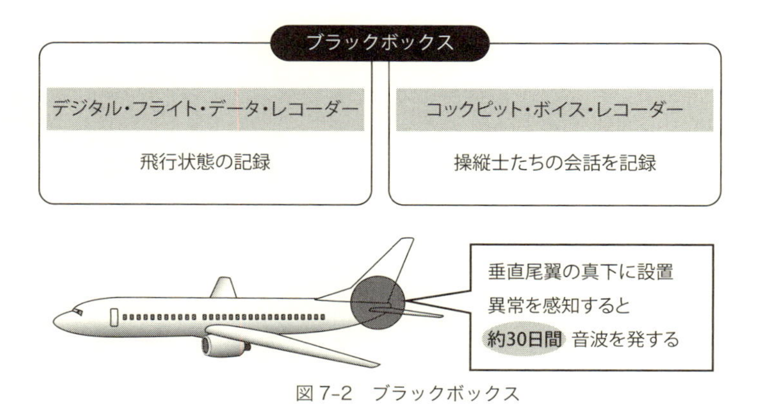

図7-2　ブラックボックス

図7-3　左側がデジタル・フライト・データ・レコーダ（略称DFDR）右側がコックピット・ボイス・レコーダ（略称CVR）

故の原因調査に大きな役割を持っているのは今更説明する必要もないだろう。ともに厚い断熱材とスチールあるいはチタニウムのシェルで覆われており、多くは衝突の瞬間に飛行機の外へ自動的に飛び出す造りになっている。他のタイプとしては、墜落による衝撃で粉砕する可能性の少ない機体末尾に設置されているものもある。DFDRは3400Gの衝撃、1100℃の炎の中に30分耐えられる構造となっている。そして、緊急時のための位置発信装置が付いている。CVR等には電波発信機や音波発信機が組み込んであり、機体が破壊されるなどして外部からの電源供給が停まると、内部電池によって数週間に渡って断続的に信号を発生させる機能が搭載されている。それはアンダーウォーター・ロケーター・ビーコンといわれ、その電波は超音波の水銀電池により「ピング」と呼ばれ、最大6000mの深さに沈んでも最大30分間、放出される。

そしてこの電波は超音波受信機によって、水没地点から2～4kmに接近すると場所を特定できるようになっている。

CVRは、操縦席でのあらゆる音声を録音記録しており、DFDRは、航空機の飛行状態についての情報を記録することを目的として航空機に備え付けることが義務付けられている。

(4) ハイジャックが発生したときの対応

ハイジャックという不法行為に対しては航空各社が国土交通省の指導に基づいて社外秘の対応マニュアルを作成してパイロットと客室乗務員がどのように対処するのか、その基本的な行動指針が準備されているが、ここでは保安上の問題があるので内容の説明は割愛させていただく。関心のある方はAIM等を参照してみてほしい。

(5) 要撃を受けた場合の対応

要撃とは英語でインターセプトという。他国の軍用機から領空侵犯などの理由で進路を妨害されたり、強制着陸などの措置をとられることを意味している。ルールに従わなければミサイルなどで撃墜させられることもあるので無線でのやりとりなど正しく理解して即座に反応することが求められている。近年は中国などが新たにADIZ（防空識別圏）を設定したりする国際情勢もあり、あえて本書でも取り上げてみた。まず、AIMから要撃を受けた場合の措置をレビューしてみたい。

【要撃を受けた場合の措置】

ICAO理事会は、視覚信号が民間機および軍用機によって国際的に統一して使用されることが飛行の安全にとって重要であることを認め、ICAO第2附属書に要撃についての規則を採択した。また、締約国はその主権の行使として、許可を受けることなく自国の領域の上空を飛行する民間航空機に対し、または自国の領域の上空を飛行する民間航空機であってこの条約の目的と両立しない目的に使用されていると結論するに足りる十分な根拠があるものに対し、指定空港に着陸するよう要求することができ、さらにこれらの航空機に対しその違反を終了させる他のいかなる指示も与えることができる。なお、本文中の「要撃」の語は、要求に応じて遭難機に対して、ICAO 捜索救難マニュアル（Doc7333）に従って行われるインターセプトおよびエスコートの飛行を含まない。

【パイロットの措置】

要撃を受けた航空機（以後、被要撃機という）はただちに次の措置をとる。

a）表 7-4 および 7-5 に定める視覚信号を理解し応答することによって要撃機の指示に従う。

b）可能ならば、適切な航空信号業務機関に通報する。

c）緊急周波数 121.5MHz により呼出しを行い、要撃機または適切な要撃管制機関と通信の設定に定め、自機の識別符号および飛行の状況を通報する。121.5MHz による交信ができない場合、可能ならば 243.0MHz により当該呼出しを繰り返す。

d）SSR トランスポンダーを整備している場合には、航空交通業務機関から別に指示された場合を除き、モード A コード 7700 を発信する。

e）要撃管制機関その他要撃機以外の機関から無線電話により、指定空港に着陸するよう要求されるなどの指示を受けた場合は速やかにその指示に従う。

f）要撃機以外の機関から無線電話により受領した指示が要撃機の視覚信号による指示と異なる場合は、被要撃機は要撃機の視覚信号による指示に従いながら速やかにいずれの指示が正しいかについて確認を求める。

g) 要撃機以外の機関から無線電話により受領した指示が要撃機の無線電話による指示と異なる場合は、被要撃機は要撃機の無線電話による指示に従いながら速やかにいずれの指示が正しいについて確認を求める。

h) 要撃中の無線通信：要撃機との通信は設定されたが、共通語による意志の疎通ができない場合、表7-1の用語に対して表7-2による用語および発音で当該用語を2度送信し、指示の伝達、伝達された指示の確認および必要な情報の伝達に努める。

表7-1　要撃機により使用される用語

用語	発音	意味
CALL SIGN	kol sa-in	あなたの呼出符号は何ですか
FOLLOW	fol-lo	我が方に従え
DESCEND	dee-send	着陸のために降下せよ
YOU LAND	you laand	この飛行場に着陸せよ
PROCEED	pro seed	そのまま飛行してよい

表7-2　被要撃機が使用する用語

用語	発音	意味
CALL SIGN（ ）	kol sa in（ ）	私の呼出符号は（ ）です
WILCO	vill-ko	了解、あなたの指示に従う
CAN NOT	kann not	あなたの指示に従うことができない
REPEAT	ree-peet	あなたの指示を繰り返してください
AM LOST	am lost	自機の現在位置がわからない
MAYDAY	mayday	当方は遭難状態にある
HIJACK	hi-jack	当方は不法妨害状態にある

LAND (place name)	laand (place name)	この飛行場（飛行場名）に着陸したい
DESCEND	dee send	降下したい

注$_1$）アンダーラインの引いてある音節は強く発音する。
注$_2$）呼出符号は飛行計画に記載されている航空機識別符号で、航空交通業務機関と無線電話により交信の際、使用されるものである。

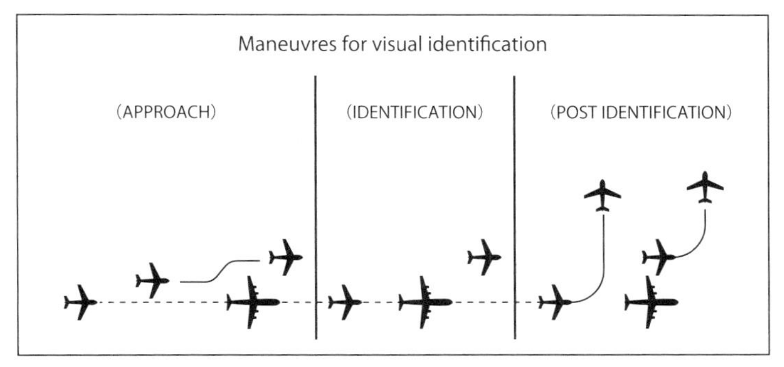

図 7-4　要撃機による目視確認の方法

(6) パイロットと管制官が通信不能に陥った場合の対応

緊急事態の中には通信機が何らかの理由ですべて使えなくなった状況も考えられる。しかし実際には、すべての VHF や HF が電離層や積乱雲による雪などの異常現象があったとしても通信設定ができないことはおよそ考えられない。通信に係る機材の故障もすべてが故障することは確率的に低い。ましてや現代の航空機ではエーカーズなどの他の通信システムも加わっているので管制官とパイロットの間でコミュニケーションがとれなくなる状況は現実的にはほとんどないといってもよいだろう。また近年そのようなトラブル事例も耳にしない。ただし、小型機では機器が民間航空機のように手厚く装備されていないので、不測の事態も考えておく必要が高いともいえる。そこでここでは念のために通信不能になった場合のルールと対処方法についてレビューしてみることとする。まずAIMの780には「通信機等機材故障の場合」という項があるのでそれから見てみたい。

(a) 通信機等機材故障の場合

飛行中にATCとの交信が完全にできなくなったIFR機は、一般に緊急状態と認識されて、管制上の優先措置（他の航空機の移動等）がとられるが、法律上は緊急事態を宣言（トランスポンダー7700による意思表示を含む）しない限り、航空法施行規則第206条に従って、以下のように飛行しなければならない。

(b) 通信機故障時の飛行方法

管制区、管制圏または情報圏において、飛行中に通信が途絶えた場合は、別の管制機関やRADIO等を呼び込む等、581項による通信の回復に努める。

通信の設定ができないと判断した場合は、トランスポンダーを装備している航空機はモードA／3、コード7600を発信し、別途通信途絶時の飛行方法（ターミナルレーダーまたはGCAによるレーダー誘導中に適用される通信途絶方式）が示されている場合を除き、以下の方法に従って飛行を続ける。

a．VFR機およびVMCを維持して着陸できると思われるIFR機は、VMCを維持して飛行を継続し、安全に着陸できると思われる最寄りの飛行場に着陸して、その旨を速やかに管制業務を行う機関に連絡する。

着陸に際して、タワーの方向に向けて着陸灯を点灯させる等着陸の意思表示をし、飛行場管制業務の行われている飛行場では指向信号等による指示を受ける。

注1）　飛行場管制業務の行われていない飛行場では指向信号灯は使用されない。

b．a 項に該当しない航空機（SVFR 機を除く）は、次の方法により飛行する。

a）ATC クリアランスに従って管制承認限界点（管制承認限界点が目的飛行場の場合は、目的飛行場への計器進入方式の開始点。以下この項において同じ）まで飛行する。

・経路：

①　パイロットナビゲーションで飛行していた場合は最後に受領した ATC クリアランスの経路に従う。承認を受けた航路から一時的に逸脱している場合は、承認経路に復帰する方法が示されていた場合は当該方法により、示されていなかった場合は承認経路上の目的地に向かって最寄りのフィックスに直行した後、承認経路に従う。

②　レーダー誘導を受けていた場合は、レーダー誘導が開始されたときに通報された誘導目標（誘導目標がフィックスの場合は当該フィックス、航空路、経路等が通報されていた場合は当該経路上の目的地に向かって最寄りのフィックス）、誘導目標が通報されていなかった場合は承認経路上の目的地に向かって最寄りのフィックスへ直行した後、承認経路に従う。この場合の直行中の制限空域に入ってはな

らない。

注₂) 計器進入を開始するフィックスおよび当該フィックスへの経路が明確でない場合は、パイロットが知り得た最新の情報により、使用されていると思われる計器進入方式の開始点に向け（STARがあればSTARに沿って）飛行する。

・高度：

指定高度または最低高度（MEA、MCA、MRA）のいずれか高い高度で次の時刻まで飛行し、その後は通報した飛行計画の高度を維持して飛行する。ただし、通信途絶前に着陸のための降下を指示されていた場合は、当該指示による高度を維持して飛行する。

① レーダーコンタクトされている場合は、トランスポンダーを7600にセットした時刻か、指定高度または最低高度に到達した時刻のいずれか遅い時刻から7分が経過した時刻

② ①以外の場合は、義務位置通報点における通報ができなかった時点から20分が経過した時刻

・速度：

通信途絶以前に速度調整を受けていた場合は、飛行計画の高度に変更する時刻までは当該速度で飛行し、それ以後は飛行計画の速度で飛行する。

b）前a）項によって管制承認限界点の上空に到達したときは、通信が途絶する以前に進入許可が発出されていた場合は速やかに、その他の場合は次の時刻まで当該地点の上空で待機し

た後、進入開始高度に降下して、計器進入を行い着陸する（当該時刻に降下を開始することができなかった場合は、できるだけ速やかに降下を開始して着陸する）。

イ）通信機の故障前に進入予定時刻（EAT）が明かにされていた場合は当該進入予定時刻

ロ）通信機の故障前に進入予定時刻は明かにされていなかった場合で、管制機関に対して進入フィックスへの到着予定時刻を通報してあった場合は、当該到着予定時刻。ただし、通信途絶が進入フィックスでの待機中に発生した場合で、次の指示が与えられる時刻（EFC）が通報されていた場合は当該 EFC の時刻

ハ）上記イ）およびロ）以外の場合は、離陸時刻に飛行計画の所要時間を加えた時刻

ｃ．通信設定ができない場合、送信機能だけが作動している可能性を考慮して、一方送信（ブラインドトランスミッション）によって位置・高度およびパイロットの意図を適宜通報することが望ましい。

PILOT：Tokyo Control, this is JA 5678, transmitting in the blind, over BUBDO 1234, FL150, GULEG 1249, MIYAKEJIMA next. this is JA 5678, out.

(c) 航法機器故障時の飛行方法

IFR で飛行中の航空機は航法機器のいずれかが故障あるいは機能が低下した場合、航法精度に影響する可能性があれば ATC に通報し、必要があれば支援を受けることが望ましい。レーダーに

よる援助を受けられない場合は機上の気象レーダー等を利用し天候状態が許せば地形海岸線等を利用した地文航法によって航法精度を保つべきである。

(d) ロストポジション時の措置

航法機器の故障その他の理由によって自機の現在位置が不明確になった場合は、ATC レーダーあるいは防空レーダーによる援助を求めることができる。

a．送受信機が作動している場合は、最寄りの管制機関の周波数か 121.5MHz／243.0MHz で次の順序により呼びかけを行う。

1）管制機関の呼出符号／最寄りの防空用レーダーの固有符号または共通呼出 STARGAZER

2）自機のコールサイン

3）概略の位置

4）ヘディング

5）高度

6）緊急事態の概略および必要とする援助の内容

PILOT: Star Gazer, JA 5678, EMERGENCY, around HACHINOHE, heading 270, 8,500 feet VFR, on top of cloud, lost position due to VOR and ADF being inoperative, request radar pick up.

b．ロストポジションに重ねて通信機が故障した場合

a）送信機のみが作動しない（受信可の）場合

i）できる限り航空路を避け、図 7-5 のとおり右廻りに三角飛行を少なくとも2回行った後もとのコースを飛行する。

ii）上記の方法を約 20 分ごとに繰り返し、121.5MHz をモニターして管制機関からの呼びかけを待つ。

b）送受信機ともに不作動となった場合

i）できる限り航空路を避け、図のとおり左廻りに三角飛行を少なくとも 2 回行った後もとのコースを飛行する。

ii）上記の方法を約 20 分ごとに繰り返し、会合誘導の援助を待つ。

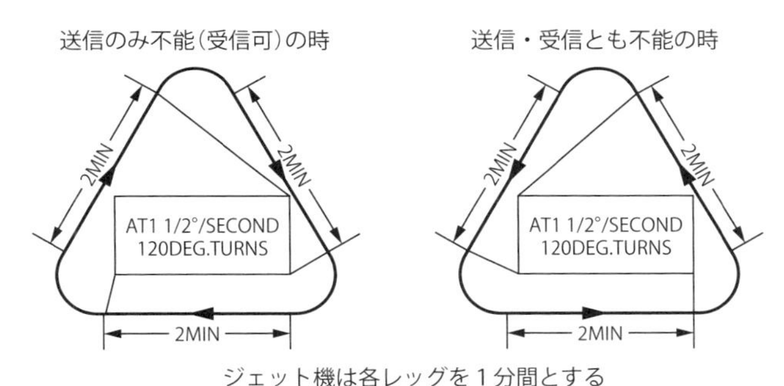

図 7-5　通信機の故障とロストポジションが重なった場合

上記いずれの場合も、トランスポンダーを装備していればモード A／3、コード 7700 あるいは 7700 と 7600 を組合せることによってより迅速に効果的な援助が期待できる。

注）防空用レーダーによる援助は本来の目的を遂行するため、場合によっては予告なく中断されることがある。

(e) 国や空港ごとに決められた飛行方式

以上が通信機故障時に航空機がとるべき飛行方法であるが、国によってまた空港によって、さらには出発時や進入着陸などのフェーズごとに細かく飛行方法があらかじめ指示されているので一部を紹介したい。それはパイロットが使用するチャートに「Lost Communication Procedure」「Communication Failure Procedure In IMC」あるいは「Radio Failure」などと書かれているもので個別に具体的な記述となっている。一般的な原則はトラブルに遭遇するとIFRの民間航空機はVMC（有視界気象状態）下ならVFR（有視界飛行方式）して最寄りの適切な飛行場への着陸を試みることが第一であるが、それがIMC（計器気象状態）などによって不可能な場合にとるべき飛行方法を定めているものである。その場合には当該機が優先的に飛行ができるように他の出発、進入航空機を飛行コースから外すなどの措置をとることになっている。

（例 1）シドニー空港への進入時の飛行手順

STAR

JEPPESEN　24 AUG 07　Eff 30 Aug　10-2C

SYDNEY, NSW, AUSTRALIA

YSSY -(KINGSFORD SMITH) INTL

ATIS 112.1 118.55 126.25 428
SYDNEY Approach (R) North 124.4

TRANS LEVEL: FL 110
TRANS ALT: 10000'

JETS ONLY BOREE THREE ARRIVAL

SPEED: MAX IAS 250 KT BELOW 10000'

ARRIVAL
From BOREE track SY R-338 to SY VOR. Cross BEROW at or below 9000'.

For Rwy 34R: Inside D30 SY; EXPECT RADAR vectors to join downwind from D15 SY.

For Rwy 34L: Inside D30 SY; EXPECT to overfly SY VOR at or above 6000', then vectors for a LEFT circuit to final approach course.

For Rwys 07, 25: Inside D30 SY; EXPECT vectors to final approach course.

For Rwys 16L, 16R: Inside D30 SY; EXPECT vectors to final approach course.

LOST COMMS LOST COMMS LOST COMMS LOST COMMS LOST

COMMUNICATIONS FAILURE: PROCEDURE IN IMC
Squawk 7600.
Comply with vertical navigation requirements, but not below MSA. IF UNDER PILOT NAVIGATION track via the STAR to SY VOR, then fly the most suitable instrument approach to the nominated runway (if assigned runway 16L proceed to 16R or if assigned runway 34R proceed to 34L) in accordance with EMERGENCY PROCEDURES. IF UNDER RADAR VECTOR **MAINTAIN** vector for 2 minutes, then fly the most suitable instrument approach (straight in where possible) to the nominated runway in accordance with EMERGENCY PROCEDURES.

LOST COMMS LOST COMMS LOST COMMS LOST COMMS LOST

2600'
MSA
SY VOR
2100' within 10 NM

BOREE
S33 14.2
E151 02.6

158°
D43
4200T
23

GPS permitted in lieu of DME
Reference waypoint SY VOR.

BEROW
S33 36.8 E151 07.0
AT OR BELOW
9000'

D
EXPECT vectors to final approach course
2500T
20
R338

Sydney-
(Kingsford Smith)
Intl

SYDNEY
D 112.1 SY
S33 56.6 E151 10.8

N
NOT TO SCALE

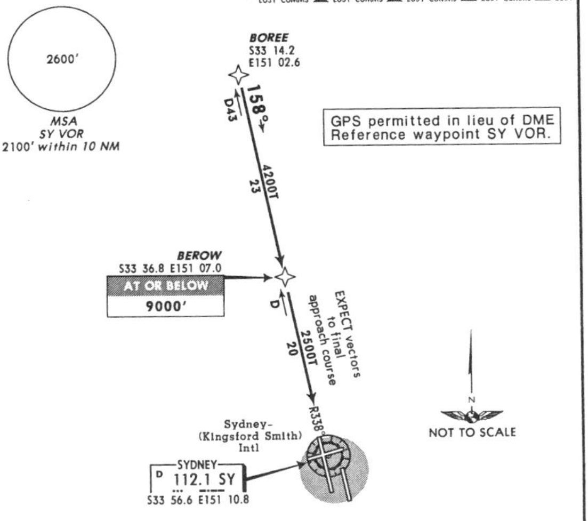

CHANGES: Procedure reindexed.

図 7-6　さまざまな飛行方式

（例 2）シンガポールチャンギ空港での進入時や出発時での飛行手順

WSSS/SIN 26 AUG 05 JEPPESEN 10-1B RADIO FAILURE SINGAPORE, SINGAPORE CHANGI

RADIO FAILURE

SPECIAL PROCEDURES FOR INBOUND AIRCRAFT

a. In VMC during daylight hours, if total radio communication failure occurs to an aircraft bound for Singapore Changi Airport, the pilot shall maintain VFR and land at the most suitable airfield.

b. In IMC or at night, aircraft experiencing radio failure shall:

1. Proceed according to the last acknowledged clearance received from Singapore ATC.
2. If no specific instructions or clearance has been received and acknowledged from Singapore ATC:

(a) Maintain the last assigned altitude or flight level and proceed via airways to SAMKO Holding Area (SHA);
(b) Commence descent from SHA at or as close as possible to the ETA as indicated on the flight plan or the last ETA passed and acknowledged by ATC;
(c) Carry out the appropriate instrument approach procedure from SHA to land on Runway 02L/02C;
(d) If unable to effect a landing on:

(i) Runway 02L, carry out missed approach procedure to AKOMA (PU R356 / 20 DME). Leave AKOMA at 4000 ft to NYLON Holding Area (NHA) and execute the appropriate instrument procedure from NHA to land on Runway 20R or 20C, as appropriate;
(ii) Runway 02C, carry out missed approach procedure to NHA and execute the appropriate instrument procedure from NHA to land on Runway 20R or 20C, as appropriate.

IDENTIFICATION OF RUNWAY-IN-USE

a. ATC will switch on the appropriate approach lights and the ILS serving the runway-in-use to assist the pilot in its identification. If the approach lights for the runway-in-use are sighted but the ILS frequency is not received, the pilot shall assume that the ILS is inoperative and shall proceed to land on the runway on which the approach lights have been sighted.

b. If unable to land within 30 minutes of EAT or ETA if no EAT has been received and acknowledged, proceed to cross SAMKO Holding Area (SHA) at 4000 ft then via A457 at FL200 if Kuala Lumpur is the nominated alternate or via B470 at FL290 if Soekarno-Hatta is the nominated alternate or otherwise proceed at the planned flight level to other nominated alternate.

SPECIAL PROCEDURES FOR AIRCRAFT EXPERIENCING TOTAL RADIO COMMUNICATION FAILURE ON TAKE-OFF

a. When an aircraft which has been cleared by ATC to an intermediate level experiences total radio communication failure immediately after departure form Singapore Changi Airport and it is deemed unsafe for it to continue to its destination, the pilot will set the aircraft transponder to Mode A / C Code 7600 and adhere to the procedures below.

b. When radio communication failure occurs immediately after the aircraft has departed on Runway 02L/02C, the pilot shall proceed according to the following procedures:

1. Proceed straight ahead to NYLON Holding Area (NHA) climbing to the last assigned altitude. At NHA, climb / descent to maintain 7500 ft;
2. Hold at NHA for 4 minutes. Leave NHA track 203° and on crossing VJR 108R turn left to intercept VJR 117R for HOSBA Holding Area (HHA) to jettison fuel, maintaining 7500 ft;
3. After fuel jettison, proceed to SAMKO Holding Area (SHA) via Airway G580 and SINJON DVOR. Maintain 7500 ft. At SHA descend for an instrument approach on Runway 02L/02C. Identify the runway-in-use in accordance with **IDENTIFICATION OF RUNWAY-IN-USE** above.

（例３）シンガポールチャンギ空港の STAR 別の飛行手順

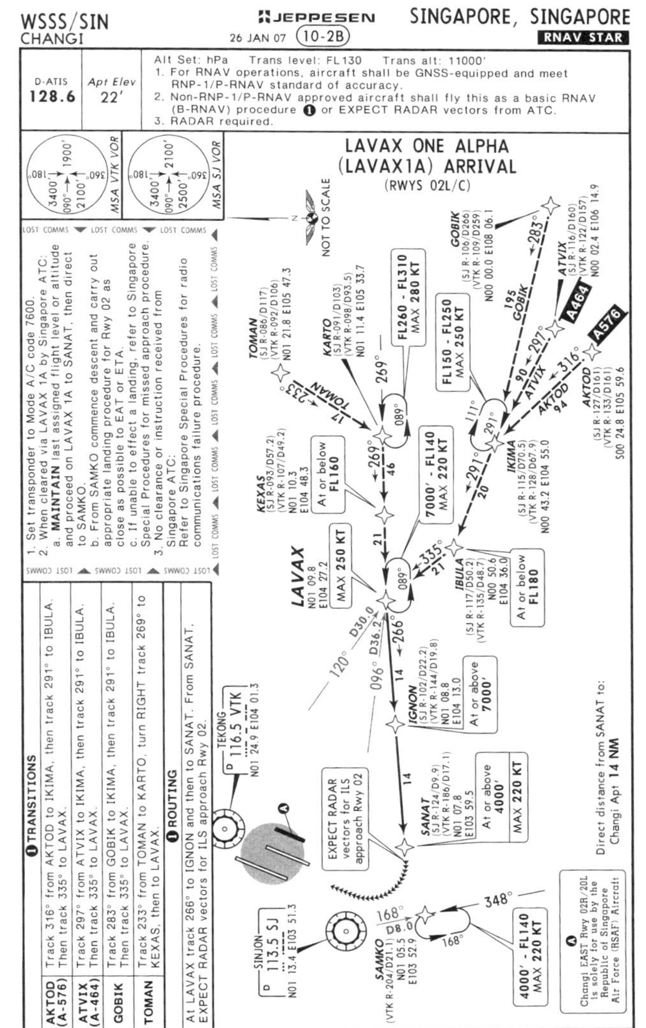

第８章　航空無線と事故

この章ではパイロットと管制官との交信の失敗によって大きな事故やトラブルにつながった事例からいくつか私自身が印象に残ったものを紹介したい。交信が上手くできなかった理由には、ダブルトランスミッション（同時に無線で送信する）というタイミングの不運や不適切な用語の使用、さらにはお互いにコミュニケーションを十分にとることのできる会話力（英語力）の欠如などさまざまな要因が挙げられる。

(1) 緊急事態が管制官に正しく伝わらないことによって起きたサッカーチーム機の事故

2016 年 11 月 28 日にブラジル一部リーグの選手たちを乗せたチャーター機が目的地近くの山に墜落した事故は記憶に新しいことだろう。かつて日本のＪリーグでもプレーしたことのある選手や監督も含まれていたこともあり日本のマスコミでも大きく報道されたものだ。

当該チャーター機は、ボリビア南部の空港から決勝戦を予定していたコロンビア第２の都市メデジンに向けて飛行して着陸態勢に入ったものの、管制官の指示で上空で２回の旋回（約 10 分間）後燃料切れで墜落したのであるが、パイロットと管制官との記録を見るとパイロットが正しい管制用語を使っていれば事故を防げた可能性がある。そもそも目的地までの燃料（予備燃料無しの航空法違反）だけでフライトを行ったことが事故の第一原因で

図 8-1　事故についてテレビ番組で解説する筆者

あるものの、降下中、到着の約 10 分前になって初めて管制官に燃料が少なくなってきていることを連絡するのであるが、「燃料問題が起きている」という言い方をしたために管制官が緊急性を感じることなく優先着陸の指示が与えられなかったものである。この時パイロットの方から「緊急事態を宣言する」(Declare Emergency!!) あるいは「メーデー・メーデー・メーデー」と定められた緊急通信を行っていれば管制官は他機を上空待機させて点検中の滑走路も開けて優先着陸を許可したことであろう。墜落現場から空港はあとわずか 13km で 2〜3 分もあれば着陸できていたはずである。パイロットが一刻も争う事態にもかかわらず管制官に緊急事態を正しく伝えられなかったために起きた事故は、今回の件だけでなく 1990 年にニューヨーク近郊で墜落したペルーのアビアンカ航空（後述）の例もある。それだけに当事故の教訓が生かされず再び同様の悲劇が繰り返されたのはまことに残念としかいいようがない。以下は AIM の緊急操作の章の「緊急支援の要請」に関する記述である。

「緊急支援の要請」

「パイロットは航行中の航空機に火災や重大な故障あるいは構造的な損傷、燃料の欠乏、飛行を継続できないような悪天候その他緊迫した事態が発生したならば、ためらわずに緊急事態を宣言して支援を要請すべきである。緊急事態の宣言は、口頭による他、トランスポンダーのコードによって知らせることもできる。

一般にパイロットにはよほど危険な状態にならないと "EMERGENCY" を宣言したがらない傾向があるが、それは重大な事故につながる可能性を持っている。緊迫した事態に陥った航空機のパイロットは、自機の位置、燃料の残量、天候、その他の事柄に対して急に疑心を抱くものである。このようになったときが救援を求めるタイミングであるから、遭難状態あるいは事故に至ってしまう前に緊急支援を要請することが望ましい。

パイロットはいかなる理由にせよ航行の安全上何らかの不安を抱いたならば、ただちに状況とパイロットの意向を伝えて、無線機によるアドバイス、レーダーピックアップ等の支援を要請すべきである。」

一般的に燃料が少ないといわれると管制官によっては優先的に進入させようとすることもある。だが燃料が少ないという言い方だけで優先的に進入許可を出すのなら他機と不公平になるので「Declare Emergency？（緊急事態を宣言するのか？）」と質問してその返答を待って優先させるかどうかを決める管制官もいる。だが緊急事態と宣言されれば、他の進入、出発機を待機させても優先的に対処しなければならない。私は以前成田空港の午後の混雑時にアメリカから飛んできた航空機がよく「Minimum fuel」と宣言して優先着陸を得ていたのを何度も見ている。

最も多かったのが旧ノースウエスト航空である。同航空会社は経費削減による溝の少ないタイヤでパンクを防ぐため着陸後ブレーキをあまり使わず4000mの滑走路の端まで滑走することが多かった。そのため滑走路はなかなか空かず他の離着陸機に大きな迷惑となることもあったが、上空でもこの「Minimum fuel」を連発するのである。管制官は、「では緊急事態と宣言するのか」と質問すると、「いやそうではない。Minimum fuelだ」と繰り返す。思うに、緊急事態を宣言すると後に事情を聞かれたり、報告書を提出したり、場合によってはマスコミに出てしまう。そんな面倒なことになるのはいやなのであろう。ともあれ燃料が少なくなってきたときのパイロットと管制官のやりとりはさまざまでありまた状況にもよる。そして国によっても空港によっても習慣などが違うことを知っておく必要がある。

パイロットは管制官に対してはっきりとした意思表示を行うことが重要である。航空機によって性能が異なるので、あと何ポンドと言うよりどのくらいなら上空待機ができるか、あるいは本当に厳しいときには躊躇せず緊急事態を宣言するといった方法であいまいなやりとりは次に紹介するアビアンカ航空の例にように事故につながることもある。

世界中のパイロットは多くの乗客の命を預かっているという使命を自覚して安全第一の運航を行ってもらいたいと願っている。

(2) 燃料不足を管制官に伝え切れずに墜落したアビアンカ航空機

優先的に着陸させてもらえず進入中に墜落し、73 名の命が失われたこの事故は 1990 年 1 月 25 日、コロンビアのアビアンカ航空の 52 便（ボーイング 707）がコロンビアのメデジンを出発して、ニューヨークの JFK 空港に進入中に起きた。

52 便の進入から墜落までの経緯をたどると、当便のボーイング 707 は自動操縦装置が故障していたため、機長はニューヨークまでの約 6 時間を手動で操縦した。そのため機長をはじめ運航乗務員の疲労度が通常に比べ高かった。しかも、米国領域に進入後、悪天候による空港混雑のためノーフォーク（バージニア州）付近で 19 分、アトランティックシティー（ニュージャージー州）

上空で29分、そして目的地であるJFK上空でも30分近くにわたる上空待機を指示された。当日、JFK国際空港周辺の天候は暴風雨で52便の他にもかなりの数の待機機があった。

JFK上空において、52便は管制官よりすでに2度のEFC (Expected Further Clearance time：追加管制承認予定時刻）の通知を受けて（1回目は午後8時30分、2回目は8時39分）ずっと待機状態を続けていたが、3度目のEFCは午後9時10分と告げられた。これに対して52便の副操縦士は、「燃料が残り少ないため着陸を優先して欲しい」と返答した。これに対し、管制官はただちに対応したが、この時点で「緊急事態」の認識はなく、単に着陸の順番を繰り上げただけであった。

52便は通常の手順でアプローチを行ったが、滑走路端から数km、高度およそ500フィートでウィンドシア（乱気流）に遭遇し、降下率が増大しグライドスロープから逸脱、高度は100フィート程度まで下がりGPWS（対地接近警報装置）が作動した。そこで機長は燃料が残り少ないことは承知していながらも、ゴーアラウンド（着陸復行）を実行した。

再度着陸進入のため旋回中、燃料がなくなり第3、第4エンジンが停止した。そのあとに第1、第2エンジンが停止した。エンジンがすべて停止し高度を維持できなくなり、52便はJFK国際空港から約24kmのロングアイランドのコーブネックに森林をなぎ倒しながら墜落した。

以上が事故の概要であるが同機のブラックボックスからコックピット内の会話（2人のパイロットと1人の航空機関士）が明らかになった。私がその中で驚いたのは最初の進入の際に航空機関士がパイロットに燃料タンクにほとんど燃料がないことや悪天候下でのゴーアラウンドでは機首をあまり上げるとエンジンが止まることなどを注意し緊急着陸の必要性をアドバイスし、パイロットもそれを認識しながら管制官に状況を正しく伝えておらず最優先の誘導につながらなかったことである。途中、副操縦士は管制官に「燃料はあと５分しかない、代替空港へ向かうことはできない」などと言っているのであるが、それでは緊急度が伝わらない。機長も副操縦士に燃料不足を管制官に伝えたかと何度も確認しているのに具体的に「緊急事態の宣言をしろ」などと指示を出していないのである。悪天候によるゴーアラウンドを行った後も最優先での誘導を要求していなかったのである。

事故原因についてNTSB（米運輸安全委員会）は、主たる原因はフライトクルー（運航乗務員）の残燃料の管理に落ち度があったこと、および管制官に対し自機が緊急事態であることを正しく伝えるためのコミュニケーション能力に問題があったこと等を挙げた。また、悪天候下の高密度空港に着陸する際のアビアンカ航空の運航管理システムによる支援をクルーが利用しなかったことや、FAA（米連邦航空局）において残燃料の状態に関して用語が標準化されていなかったことにも間接的な原因があると指摘した。

加えてこの事故は言語的要因もクローズアップされICAO（国際民間航空機関）によってパイロットと管制官の航空英語能力の向上を世界規模で目指すプログラムを立ち上げる必要性を訴えるために引用されることになった。その結果2008年３月より、日本でも国際線を乗務する場合はパイロットはレベル４以上の英会話能力を事前のテストで合格することが要求されるようになった。

燃料が少なくなったときの「ATC」はどうあるべきか。

参考までに、AIM の記述を紹介する。

「燃料欠乏時の通報」

パイロットは、飛行中の予想外の燃料消費で、飛行の完遂に必要な残存燃料量が管制上の遅延を受け入れられない状態に近くなったら、管制機関に対して “Minimum fuel” を通報する。“Minimum fuel” の通報は、遅延が生じれば緊急状態になることの潜在性を意味する。この状態にある航空機は、通信設定時にコールサインに続けて “Minimum fuel” を通報する他、その後の飛行経路や EFC、EAT の入手に努め、飛行計画を検討し、飛行の安全を確保する。

パイロットは “Minimum fuel” の通報による管制上の優先的取扱を期待してはならない。この通報により当該機の状態が管制業務を継承する機関に情報として伝えられる。

残存燃料量から、管制上の優先的取扱を必要とする事態に至ったと判断したなら、躊躇せずに緊急状態を宣言する。

さらに残存燃料量を分単位で通報する。

（注）航空機は、「Minimum fuel」の状態なのか「EMERGENCY」の状態なのか明確に宣言する。「Fuel Emergency」の表現は、どちらの状態を示しているのか明確でないので使用すべきでない。

(3) ダブルトランスミッションによる大事故

(a) 航空史上最悪の悲劇はどうして起きたか

２機のジャンボジェットが衝突し、両機合わせて575人の命が失われたテネリフェ空港での事故。これまでも多くの本やテレビで紹介されてきた大事故である。

テネリフェ空港は、「大西洋の楽園」といわれるスペイン領カナリア諸島の空の玄関で事故は、1977年３月27日、17時06分に発生した。

当時、空港には濃い霧が立ちこめていた。KLMオランダ航空のジャンボ機が、離陸許可が出たと思い込んで滑走を始め、エンジン全開でぐんぐん速度を上げていた。その直後、窓の前方にヘッドライトを点灯してこちらに走行してくるパンナムのジャンボ機が見えた。副操縦士の「VI（ブイワン）」（離陸中断開始速度）のコールの後、機長は「アーッ」という悲鳴とともに操縦桿を一杯に引き起こした。正規の機首引き起こし速度の「VR（ブイアール）」（ローテーション速度）にはまだ達していないが、そんなことはいっていられない。目の前のジャンボ機の上を越えるしかないと判断したのだ。

KLMのジャンボ機は、尾部を地面にこすり付けて火花を出しながらも、左へ傾きながらようやく浮揚した。一方、パンナム機もなんとか衝突を回避しようとステアリングを左へ切った。

ほんのあと一歩だった。

KLM機の前輪車はパンナム機の胴体を越えたが、主車輪と胴体中央部がパンナム機の２階席部分にぶつかった。接触というより押しつぶす形だった。

続いて、KLM機はパンナム機の垂直尾翼付近を切断して空中に飛び上がったが、もはや上昇を続けられるような状態ではなく、150m先の地面にたたきつけられた。

助かったパンナム機の乗客は後にこの時のことを、「一瞬、爆弾が破裂したと思うほどの衝撃で、ジャンボ機の2階部分がなくなり、空が見えていた」と証言した。

パンナム機の乗客たちは懸命に緊急脱出を試みたが、脱出用のスライドドアが一つも使えず、助かった70人はいずれも6mの高さから地面に飛び降りた。

その後はまさに地獄絵と化し、航空事故史上最大となる575人が死亡した。

タワーの管制官も濃い霧の中で起こった大惨事に、しばらくは何が起こっているのかわからなかった。ただ大きな爆発音が2度、響き渡ったのを聞いただけだった。

事故の起こったテネリフェ島は年間を通じて温暖で、隣のグラン・カナリー島はスペイン政府が免税地区に指定していることもあり、一年中アメリカやヨーロッパから多くの観光客が訪れるリゾート地として知られている。事故を起こしたKLMとパンナムの両ジャンボ機は、どちらもこのグラン・カナリー島が飛行の目的地であった。

しかし、グラン・カナリー島のラスパルマス空港のターミナルで、スペインからの独立を叫ぶ過激派の爆弾テロが発生し、空港が閉鎖されてしまった。ここから事態はすべてが悪い方に展開する。KLM機とパンナム機をはじめ、多くの航空機が隣のテネリフェ島へダイバート（代替飛行場へ向かうこと）したのである。

KLM 機、パンナム機ともに燃料補給を終え、再開されたラスパルマス空港へ向かって一刻も早く離陸しようとする。この時、すでに事故を生む要因が生まれていた。航空界では近年、急いだり、あせったりする現象を「ハリーアップ症候群」と定義して、事故防止の重要課題としている。

次の不運は、この時 KLM 機が多量の燃料を追加搭載したことである。目的地のラスパルマスでも多くの飛行機の飛来で混乱が予想され、アムステルダムまで戻る燃料補給がままならないと思ったからである。そのため離陸重量が 45 トンも増加した。もしこの重量加算がなかったら、KLM 機は間一髪でパンナム機の上を飛び越えることができたと推測される。

ともあれ、まず KLM 機が先に滑走路に向かって走り出した。滑走路の端で離陸許可を待っていた KLM 機の機長が、ATC クリアランス（飛行ルートや高度の管制承認）をタワーから受け取ると、それは離陸許可も含まれると勝手に思い込んで滑走を始めてしまったことが事故の最大の原因だった。

普通、ATC クリアランスは、ゲートを離れる前、遅くともタキシング（地上走行）中に管制官から与えられるが、この時は空港が多くのダイバート機で混乱していて遅れ、離陸待機中まで延びたことが管制官と KLM 機相互の誤解を生む一因となった。

もう一方のパンナム機も不運だった。

通常なら、滑走路端まで行くには誘導路を使うのだが、駐機場の飛行機が誘導路をブロックしていて使えなかった。そのため、管制官はパンナム機に滑走路をタキシングするよう指示したのだ。そしてちょうどその頃、濃くなり始めた霧が、それに追い討ちをかけた。霧でタワーから両機が見えないのに、一方を滑走路端に待たせ、片方を誘導路の代わりに滑走路をタキシングさせた。同時に２機を滑走路に入れてしまったのだ。

会話記録からやりとりを再現

KLM機が離陸を許可されたと誤解して滑走を始めたときの管制官とのやりとりを見てみよう。

離陸準備が終了して、管制官と通信業務を行っていた副操縦士が、「We are ready for take off（離陸準備完了）、ATCクリアランスを待つ」とタワーの管制官に要求をしたところからストーリーは始まる。

管制官はこれに対し、KLM機が後から言った「ATCクリアランス」のリクエストに先に返事をした。

「パパ・ビーコンまで飛ぶことを許可する（クリアード・フォー・パパ・ビーコン）。Stand by take off（離陸は待つように）」

KLM機側はこれを聞いて、ATCクリアランスと離陸が同時に許可されたと受け取ったのである。すでに述べたように、一刻も早く離陸しようとしていた機長がここでエンジンの出力を上げ始めてブレーキを外す。管制官からの言葉を復唱しなければならない副操縦士は確信がなかったが、機長の「さあ行くぞ、チェック、スラスト」という言葉で機長は確信を持っていると思った。

副操縦士は、一応タワーに離陸滑走開始を告げて、もし間違っていたら訂正されるだろうと思って、「KLM4805便、クリアード・フォー・パパ・ビーコン。We are now at take off」と言った。

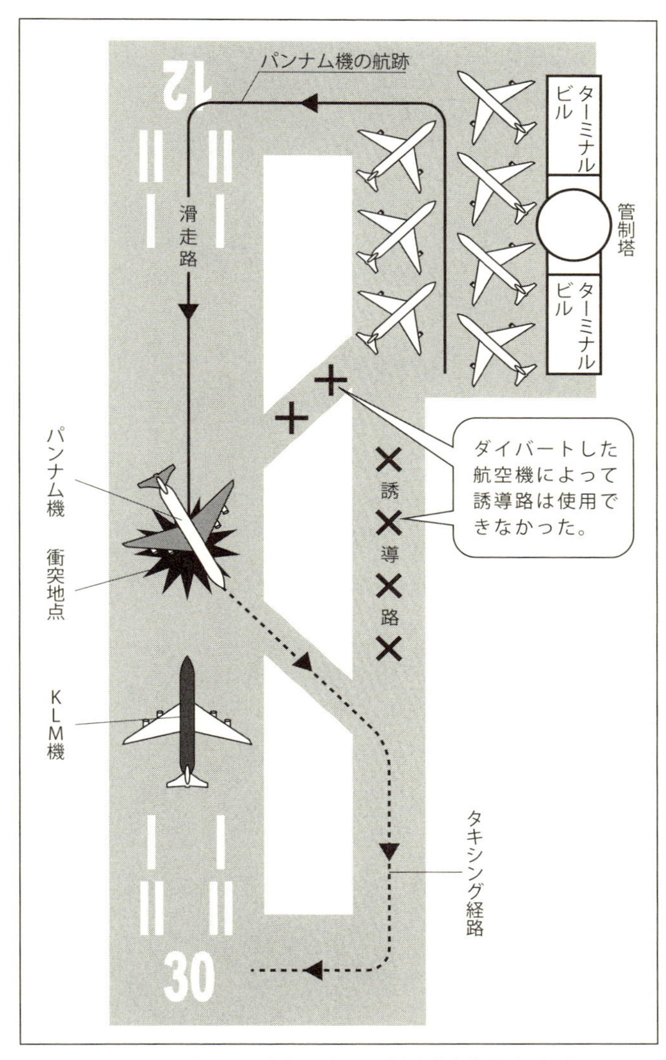

図 8-2　テネリフェ空港　ジャンボ機衝突事故当時の概略図

このWe are now at take offという用語はあまり管制用語として行われない曖昧な言葉ではあるが、目下離陸滑走中という意味で使ったのである。

このような行為は、残念ながら私たちの現場でも日常よく見聞きすることである。

管制官の言葉の中で、一部よく分からなかった点を分かるまで聞き直せばよいのに、離着陸の交信に忙しく、機関銃のように早口でしゃべる管制官に気兼ねしたり、語学力の不足を明らかにするようで恥ずかしいと思う心理である。そこで自分の理解したことを復唱し、相手に下駄をあずけるという方法をとる。

KLM機の副操縦士も同じ心境だったのだろう。

KLM機の副操縦士からの復唱に対して、テネリフェ空港の管制官はReady for take off（離陸準備完了）と誤解してOKと答えてしまった。そして２秒の空白後「離陸は待て、後で呼ぶから」と応答した。

KLM機は、自分たちの復唱に再び「OK」と言われると、もうその後の言葉は耳に入らなかった。管制官は「OK」という言葉を使ったが、これは正しい管制用語ではなく、使ってはならない言葉だった。正しい用語を使っていれば、KLM機は離陸を思いとどまった可能性がある。

一方、このやりとりを聞いていたパンナム機は「ノー！　アー、……、我々は滑走路をタクシーダウン中」と、タワーとKLM機に対して警告を出した。管制官の「OK」という言葉に「これは危ない」と直感したからだ。しかし、その直後に続けたタワーとの送信と交信が重なり、それが「ガガガー」というような雑音となり「離陸は待て」の指示がKLM機に伝わらなかったことが最後に事故を防ぐチャンスをも奪い去ってしまったのである。

さて、このダブルトランスミッション（二者が同時に無線機で送信を行う)、KLM機は自機に離陸許可が出されたと思い込んで、すでに走行を始めていたので、ガガガーという雑音を聞いてもそれが自分たちの離陸に係る重要な内容であると認識できなかったかもしれない。これがまだ離陸前の落ち着いた場面なら再度タワーと交信してミスを防げた可能性はあるので悪いタイミングが重なったという他はない。

多くの命の代償として用語の使い方が変更に

これまでの管制官と航空機側とのやりとりで「We are at take off」とか「OK」など正式な管制用語ではなく日常会話的な言葉の使い方が目立つことだろう。しかも最も重要な離陸のフェーズでそれらが使われたことも航空界あげて大いなる反省を求められたものであった。当事故の調査に当たったオランダ政府の事故諮問委員会は次のような勧告を行ったものである。

オランダ事故諮問委員会の勧告

1. ATCクリアランスはタクシー開始前に受けわたすべきだ。
2. 離陸許可の要求には他の要求を加えない。
3. もしできるなら、ATCクリアランスと離陸許可は別の周波数を使って行うのがいい。
4. take offという用語は離陸許可のリクエスト、リードバック以外には使わない。
5. 同じランウェイに複数の航空機が存在するとき、その安全は保証されるべきである。

6. タクシーウェイの入口には目立つ標識を設置すべきである。
7. パイロット・管制官共通の標準用語を設定すべきである。
8. 管制にはグランドレーダー（ASDE)、ライトシステム、データリンクなど悪視程下でも地上のトラフィックを安全かつ効果的にコントロールする手段が必要である。

この中で特に4番目の「take off」という用語は離陸許可のリクエスト・リードバック以外には使わないという点が世界の航空機で共通の認識ができたところである。現在ではパイロットがリクエストするときにも「リクエスト・ディパーチャー」と使い、離陸準備完了というときにも「レディー・フォー・ディパーチャー」と言うようになっている。つまり管制官が離陸許可を出したときとそれに対しての復唱以外は使わない。その他の場面ではこれと区別する意味でディパーチャー等他の用語を使用することになっている。このテネリフェ事故の教訓としてこのわずかの管制用語の使い方が変更になったものであるが、あまりにもその代償は大きかったと思っている。

(b) 日本で起きたあわや大事故の重大インシデント

2015年6月、那覇空港の滑走路（約3,000m）で、航空自衛隊那覇基地のヘリ「CH47」が管制官の指示を得ずに離陸し、離陸滑走中の全日空機（ボーイング737-800）の数百m前を横切った。全日空機はそれを見て離陸を中止し、滑走路の中央を越えたあたりで停止。これを受けて管制官は、車輪を出して着陸態勢にあった日本トランスオーシャン航空（JTA）機（ボーイング737—400）に着陸やり直しを指示したが、JTA機は全日空機がとどまる滑走路にそのまま着陸した。接触はなかったものの、２つのトラブルが重なり、追突など重大な事故につながる危険があった。

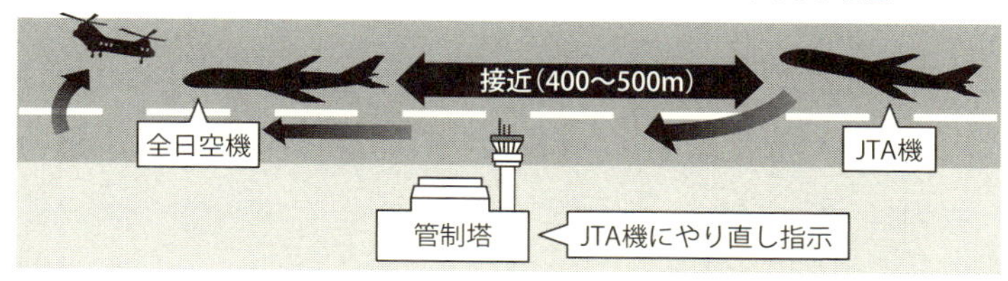

図 8-3　那覇空港の重大インシデントの経過

空自那覇基地によると、ヘリのパイロットが、無線による全日空機への離陸許可を自機への許可と聞き間違えて飛び立ったという。国の運輸安全委員会は、事故につながるおそれのある「重大インシデント」として調査を開始した。

着陸したJTAのパイロットは、「全日空機が離陸滑走を開始していたため、着陸に支障はないと判断した。管制官から着陸やり直しの指示があった時点ですでに接地しており、リバース（逆噴射）も作動した直後だったため、そこから離陸態勢に入るのはかえって危険だと判断した。着陸して停止した時点で全日空機と400〜500m離れていた」と証言している。

この那覇空港での重大インシデントは、現在の日本の航空界の現状を象徴的に表している。離陸許可を出した管制官、自衛隊のヘリ、ANA機、日本トランスオーシャン機の四者それぞれの誤った行為を追及してみたい。

①管制官：混信した状態にもかかわらず、自衛隊ヘリに離陸許

可と誤解させた。管制官は当初 ANA 機に対して離陸許可を出したものであったが、それに対し自衛隊のヘリ側も自機に出されたと勘違いして応答するが、その時にダブルトランスミッション(二者が同時に無線機で送信を行う)によって〝ガガガー〟という雑音が発生し、クリアーな会話ができなくなった。このようなことは日常よくあることで、本来ならば当該管制官はもう一度「この離陸許可は ANA 機に対してのものであり自衛隊のヘリは離陸を待つように」と指示を出すべきであったのに放置した。

②自衛隊のヘリ：ダブルトランスミッションの状態が分かっていたのに、再度管制官に確認をしなかった。加えて、飛び上がりながら滑走路を横切る際に、パイロットのうち誰 1 人として右下に見えているはずの滑走路を見なかった。見ていれば ANA 機を発見できたはずである。

③ ANA：目前に自衛隊のヘリを発見して離陸を中止した行為は、この事案に登場する四者の中で唯一合法的な操作であり責任は問われないものである。だが、急停止してからなぜ速やかに滑走路から誘導路に出なかったのか。状況から、すぐ後ろに日本トランスオーシャン機が迫っていることは分かっていたはずである。日本では習慣的に着陸後の航空機に対し、管制官はどこから誘導路に入れという指示を出しているものの、基本的にはパイロットの判断でどの経路を使っても構わない性格のもので、パイロットもそのことを知っているはずだ。ちなみに ANA 機は長い間滑走路上で停まったままだったため、ブレーキ関連システムがオーバー

ヒートして機材が使用できなくなり、新千歳空港行きの乗客は代替機によって大幅に遅れて目的地に向かう結果となった。もしANA機が速やかに滑走路を出てゲートに戻りブレーキ関連システムをクーリング（冷やす）していたら、約1時間の遅れで再び同機材を使って離陸できたと考えられる。ちなみに、私が乗務していたボーイング747では、滑走を始めて60ノット未満で離陸を中断したならば、ブレーキのクーリング（冷却）もなしですぐに再離陸できることになっていた。

④日本トランスオーシャン機：滑走路上にANA機が停まっているのを見ながら着陸を強行したことは最も危険な行為で、これが運輸安全委員会より重大インシデントに当たるとされた。当時管制官は同機にゴーアラウンドの指示を出したが、そのタイミングをめぐり双方で見解は分かれている。しかし仮にそれがどうであれ、視界の良い状態でANA機をまだ滑走路上で確認しているのだから、日本トランスオーシャン機は着陸をやめてゴーアラウンドすべきであった。仮にANA機の停止位置より手前で止まれると判断したとしたら、それは大きな間違いである。着陸時には、ブレーキ、スポイラー、リバース、それにアンティスキッド（自動車のABSに相当）など、システムの不具合はいつ起こっても不思議ではなく、パイロットはそのような不具合を前提に訓練をしているはずである。つまり、着陸滑走距離は想像していたものより長くなる要因はいくらでもあり、実際にANA機と約500mの位置まで進んだことを考えると、極めて危険な行為と言わざる

を得ない。

(4) ヒューマンエラーを誘発する管制用語による事故

テネリフェ事故や、これから紹介するロサンゼルスの事故は、ともに航空用語でランウェイ・インカージョン事故と呼ばれるもので、地上での事故である。しかし、航空事故の中で実は地上での事故の方が空中よりはるかに多いということはあまり知られていない。その件数はFAAの調査でも毎年200件を超えているのである。

この事故は、ロサンゼルス国際空港で離陸許可を待っていたスカイウェスト（SKW）航空のメトロライナー機に、USエアーのボーイング737型機が着陸滑走中に追突炎上した。原因は女性管制官の「失念」にあった。

1991年2月1日、18時07分、ロサンゼルス国際空港の滑走路24Lでは、滑走路途中から離陸しようとしていた乗客10人を乗せたスカイウェスト航空のメトロライナー機がタワーからの離陸許可を待っていた。辺りは暗くなっていたが、天候は良好だった。

そこへワシントン発のUSエアーの737機が着陸、接地点は端から約1500フィート、滑走路端の通過速度も約130ノットと合格点の着陸であった。クルーはリバース（逆噴射）を引き、ゆっくり機首を下げながら前方を見た。すると小型機の尾部の赤色灯が光り、自機の着陸灯が小型機のプロペラを照らし出した。この時のことをクルーは「衝突前にブレーキを踏み始めたが、回避操作をとる時間もなく、737の機首と型式の分からない航空機の尾部がまず衝突した。衝突は737の前輪接地とほとんど同時に起こり、機首が下がって衝突直後にピカッと何かが光ったが、爆発や火災は発生しなかった」と述べている。

衝突後、2機の航空機は滑走路を外れて左側に滑り、かつて消防署だった建物に衝突した。737の64名の乗客、3名の客室乗務員および副操縦士は炎の中から脱出したが、同機の乗客20名と乗員2名、およびSKWの10名の乗客全員と2名の運航乗務員が死亡した。

助かったUSエアー機の乗客によれば、着陸は正常であったが、タッチダウン直後にフルブレーキが踏まれたせいか、機体は上下に揺れた。次にオレンジ色の炎が両側の窓に見え、客室乗務員が大声で「頭を下げて、頭を下げて」と何度も叫んでいたという。客室乗務員と乗客の何名かは最初の衝突後にベルトを外したため、建物に衝突したときに前方に投げ出された。

客室乗務員によると、最初の激突の後で機体が滑っている間に客室が熱くなり、床下から煙が吹き出して床が膝の高さくらいまで持ち上がったという。非常に濃い煙と炎が前方コートルームの頂部から出ていたため、客室乗務員と乗客の何人かは翼上の脱出口と一部のドアから脱出を試みたが、激しい火災のため多数の犠牲者が出た。

この事故は、タワー管制官がSKW機に滑走路への進入許可を出しておきながら、それを忘れてUSエアー機に着陸許可を出したことが原因だった。

当時、この管制官は、出発機と到着機の管制間隔を設定し、航空機の順序づけにも全責任を負い、それに加えてヘリコプターの管制も兼務していた。そのためのコーディネーション業務は耐えがたいほどの負担となって、正常な業務遂行に支障をきたすほどだった。そうした仕事に追われ、着陸機と通信設定が1分間ほどできなかったこと、SKW機に似た他社のメトロライナー機をSKW機と勘違いするなどの混乱もあって、あってはならない失念が起こったのである。

その背景には、テネリフェ空港の事故と同じように、不適切な管制用語もあった。私はロサンゼルス国際空港にもよく飛んでいたが、日常会話のような管制官と航空機とのやりとりにはいつも疑問を感じていた。流暢とはいえない英語力の外国航空機にはそれほどでもないが、アメリカ人同士となると、正式の管制用語とは違う早口な会話調になってしまうのだ。

この事故がきっかけで、ロサンゼルス国際空港におけるさまざまな問題点や緊急脱出時の方法などに是正勧告が出された。その中で、管制用語についても具体的に改善が求められた。それまで離陸許可に関する言葉だけがパイロットに復唱の義務があったのを、「滑走路への進入」「滑走路前での停止、待機」なども復唱することになったのである。そのようにすればSKW機の位置を正しく把握でき、管制官とパイロットの間で誤解が生まれず、事故を防げたと認定したのだ。この、ちょっとした管制上の改善のために、ここでも34名の尊い人命が失われたのである。

(5) マレーシア航空機失踪の真相は「エアリンク」がヒント

2014 年 3 月、マレーシアのクアラルンプールを出発して北東に向かっていたマレーシア航空 370 便が失踪して約 3 年を過ぎた。このミステリーを満ちた事故（事件）の謎を解いてみたい。まずこの便の経緯を簡単に振り返ってみたい。機はボーイング 777－200ER 型で乗客乗員 239 名を乗せて現地の深夜に飛び立ち南シナ海上空まで順調に飛行していたが離陸から約 50 分後に異変が起きた。機は管制官との交信を止め、突如左旋回して南西へとコースの逆の方向に飛行していったのである。同時にコックピットではトランスポンダーとエーカーズのスイッチが操作（切断）され機体の情報が分からないようにされたのである。その後しばらくはマレーシア空軍の 1 次レーダーによって機の航跡は把握されていたものの軍はスクランブルや追尾を行わなかった結果、インド洋に出たあたりから先は行方が分からなくなった。数少ない手がかりは衛星のインマルサットがエーカーズから発せられる〝ピン〟という微弱な電波によって南インド洋を南下してオーストラリア大陸の西海岸から約 2500km 近辺の海上までの航跡をとらえていたことである。この件の調査を第一義的に負っているマレーシア政府は、この情報から 2015 年に 1 月に燃料切れによって海上に墜落して乗客乗員全員が死亡したと発表した。そして 2015 年 7 月 29 日に航空機の残骸（フラッペロン）がアフリカに近いフランス領レユニオン島で見つかりマレーシア政府はそれが 370 便のものと発表したのであった。以後今年までマグガスカル島やモルディブなどで次々と機体の一部が発見されている。

しかし、現代のハイテク機が忽然と行方不明となりその位置を特定できないことなど一体あるのであろうか。世界中でその点に疑問が集中しているのである。これまでにほぼ明らかになっているのは、異変が起きてから同じ高度で約6時間40分も飛行を続けていることから機材のトラブルではないこと、当該機にはビジネスクラスに電話機が備えられていたが誰もそれを利用した形跡がなく、乗客やCAはコックピット内での異常に気が付いていなかった可能性が大きい点である。したがってこの失踪の〝犯人〟は2人のパイロットに絞られるが副操縦士には動機が見当らず機長には多くの動機も考えられることから、私は事件は機長によるハイジャックであり、最後は燃料切れか自爆による海上への墜落と見ている。マレーシアには長年政治的混乱があり、当該機長は反政府運動の中心的活動家であったことが一番の要因と考えられている。そのあたりの事情等失踪全般にわたり私は拙書『マレーシア航空機はなぜ消えた』（2014年7月講談社刊）で詳述しているので関心のある方はそれを読んでいただきたい。内容はその後出てきている情報から訂正する箇所は生じていないことをつけ加えておきたい。

さてこの本の主題に沿ってこの事件に関する通信系統について述べてみたい。最初はエーカーズについてである。現代のハイテク機では標準装備となっているエーカーズは航空機からの位置情報（30分ごと等航空会社によって異なる）とトラブルメッセージが当該航空会社とエンジンメーカー（370便はロールスロイス社）に自動的に送られる仕組みとなっている。位置情報には飛行高度も含まれている。

そのためエーカーズが機能していれば370便の航跡や墜落地点も予想がつくのであるが、それが切られてしまったのである。一般にエーカーズは航空機が飛行準備中に一度会社と機能が働くかを確認してからはメッセージのやりとり以外ましてやスイッチを操作することはない。特にエーカーズにはスイッチは存在せず、CB（サーキットブレーカー）が天井や客室の床下などにあり主に整備士が触るものとなっている。しかし370便のボーイング777と787にはどういうわけかコックピットの主要計器の近くにエーカーズパネルという機器が備っていて、パイロットはいつでもその気になればエーカーズとADSの作動をOFFにすることができるのである。そのため370便の場合エーカーズのアンテナから発する〝ピン〟という微弱な電波からおおよその航跡を推測する以外に方法がなく、加えて通常ならインド洋上空などにある衛星が6個のうち1個しか機能していなかったために複数の衛星の電波による「交点」がとれなく位置の確定に結びつかなかったものである。

しかしながら果して異変が起きてから6時間40分の飛行中一体〝犯人〟はどうしていたのか、ハイジャックなら何もしないでただ飛び続けることは考えられない。そこで自機の位置など情報を知られなくしてマレーシア政府と何らかの交渉を行うとすればエアリンクの存在があることを強調しておきたい。この地域では「ホンコンドラゴン」というエアリンクを利用して他から交信内容を傍受されずマレーシア航空や政府とやりとりが可能なのである。この方法は、まずホンコンドラゴンをHFを使って呼び出し

「リクエスト・フォーンパッチ・マレーシア航空オペレーション」と要求すれば良い。するとしばらくするとエアリンク側から回線（衛星を利用）がつながったから会話をどうぞという連絡が入ることになる。それから先はパイロットとマレーシア航空のオペレーションルーム、そこに政府関係者が加われば個人の電話でのように自由に何時間でも会話ができることになるのである。マレーシア370便の失踪の詳しい事実関係はブラックボックスの解析が最も望ましいが、機体の場所すら分からないので現在は無理として、せめてエーカーズの記録（OFFにされた時間も含め）やエアリンクの記録があればそれらを明らかにすればかなり真相が読めてくるはずである。これまでのところ、当事者であるマレーシア航空をはじめロールスロイスなど関係機関からの情報は発表されていないが、マスコミなどがこれらの点にスポットを当て調査を行えば犯行の動機やマレーシア当局の対応などかなり解明されるはずと述べておきたい。

第９章　航空人生で印象に残った体験記

(1) 時候の挨拶を ATC 周波数で

ATC や COMPANY で使う周波数では私語は禁止されている。しかし先にも述べたように、外国で初めて ATC とコンタクトする場合はお互いに挨拶を交したり、年末年始では〝メリークリスマス〟や〝ハッピーニューイヤー〟とつけ加えることもある。私もラストフライトの折に多くの管制官よりねぎらいの言葉をいただいた。これから紹介する事例はそのような例ではなく ATC 周波数を使って意図しない会話を行って大恥じをかいた話である。

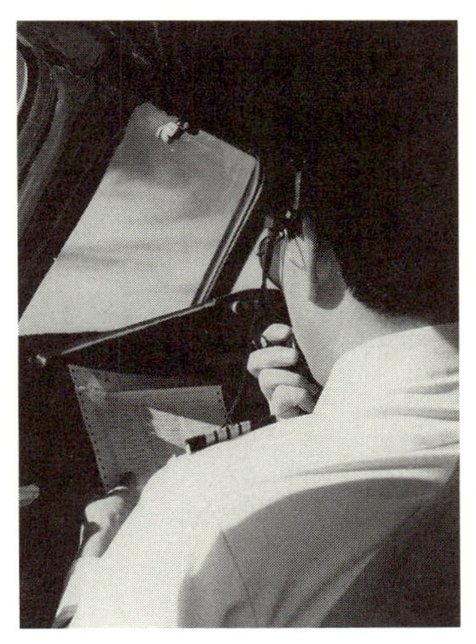

図 9-1　コックピットの様子

(その 1) カンパニー周波数のつもりで実は ATC を 10 分間もブロック

ジャンボジェットなどでは、VHF の送受信器は 3 台が整備されていたが、DC8 が主力機の時代には 2 台に留まった。したがって、JAL では VHF2 に ATC を、VHF1 には CONPANY もしくは 121.5 の緊急周波数をセットする習慣になっていた。送信するには使用する方の送信用ボタンを下に押す必要があり、同時に2つを押すことはできない仕組みになっていた。ただし、受信は同時に2つ共受信用ボタンを押し込んで両方を聞くことができた。しかし送信用のボタンはメカニカルなものでよく見ないと現在どちらを使っているか分かりにくく、ましてや副操縦士がPF（パイロット・フライング）DUTYで機長がPM（パイロット・モニタリング）DUTYをとる場合、無線機の操作を行うことに決まりがあっても、巡航中となれば、VHFの送信を時に副操縦士が、時に機長がということもある。その結果誤ってATC用の送信器でCOMPANYと話すべき通話を行ってしまうなどのミスが起きることがあるのだ。もちろんそうなればATCをブロックして他機が管制官と交信しようとしても不可能となり大変な迷惑をかけるだけでなく安全運航上も問題となる。

ところがやはり人間のなせる業といっては申し訳ないがそのようなトラブルを引き起こすことがある。その一例が、以前にDC8でモスクワ経由のヨーロッパ線を運航していたときに私の同期が副操縦士としてバルト海上空を飛行中に発生したものである。当時羽田からモスクワ経由のヨーロッパ便は1日1便、曜日によってロンドン、パリ、フランクフルト、ローマそしてコペンハーゲンへと目的地が変わって運航されていた。しかしモスクワでの到着と出発時刻はどの便でも同じように設定されていた。そしてクルーの勤務は、コックピットクルーはモスクワに1泊、翌日ヨーロッパのどこかで1泊、そして帰りがモスクワに1泊する5日間のパターン。一方CAたちは、往きにモスクワで2泊してあとは1泊ずつで日本に帰る6日間のパターンであった。

このような事情でヨーロッパの各空港へ向う便と、反対にヨーロッパ各地からモスクワに帰ってくる便はいつも大体同じ時間帯にバルト海上空で同じ航路上ですれ違うことになっていた。管制はラトビア共和国のリガセンターであった。お互いにぼつぼつすれ違う頃と分かるとVHF1にセットしてあるCOMPANY周波数を用いてちょっとした挨拶を交わすことがあり、それはパイロットにとってつかの間の楽しみでもあった。特にヨーロッパに向かう便のクルーは前日羽田からの便をモスクワのシエレメティボ空港の機内で引き継ぎを行っている関係ですれ違う便のパイロットやCAの名前を知っているのでなおさら親近感をもっていたものである。この時に使うCOMPANY周波数での使用について少し弁解させていただくと、VHFであるため到達距離が短くトラビアの上空ともなると会社のどのステーションにも電波が届かず外国機も使っていないので、挨拶を交えて5分程度におよぶこともあった。そしてあるときヨーロッパに向う便のパイロットがCOMPANY周波数に切り替えたと思い誤ってATCの周波数で話しかけたのである。一方僚機はCOMPANY周波数で送信していたのであるが、両者共VHF1と2のレシーバースイッチをONにしていたので誰もミスに気付かない。リガセンターの管制官もどこかの機が送信機を使い続けブロックしてしまっているのは分かりながら特定できないでひたすら送信が終わるのを待つしかなかったようであった。

この時は挨拶に始まって航路上の天候など運航に必要なこととともに、機長が相手方の機長とモスクワに着いたらホテルのクルールームに何を用意してあるかとかCAの誰それに宜しくなどの言葉を交わした。それは両機がまさに高度差600mですれ違うときに「今見えたよ、いってらっしゃい」などの言葉をまじえてのものであった。

しかしその会話の途中、機長が一瞬送信用マイクから手を離した瞬間にどこかの航空機から「シャラップ（黙れ）！」との一声が入った。当該機長はそこでハッと気が付いたのであるが、この時もしマイクを押し続けていれば一体どこまでそのやりとりが続いたのか考えただけでもぞっとした。これが私の同期のパイロットが漏らした体験談であった。

（その2）乗客へのアナウンスをATCへ延々と

機内で乗客へのウエルカムPA（passenger addressの略でピーエーと呼ぶ）をATC周波数でやって大恥をかいたことがある。巡航に入り落ち着いたところで機長または副操縦士が行う挨拶を兼ねた飛行情報のアナウンスである、「御搭乗の皆様、こちらは機長の○○です。本日はJAL○○便を御利用していただき有難とうございます。当機は高度1万メートル上空を順調に飛行して現在……右手には雪を被った富士山がとてもきれいに御覧できます………」続いて国際線では必ず英語でも「レディス・エンド・ジェントルマン………」と続くアレだ。オペレーションマニュアルには巡航に入ったら速やかに実施することと書かれている業務の一つである。コックピットのオーディオ関係のパネルには送信用のVHFやHFそれにPAのボタンが並んで装備され送信するときにはそのいずれかをプッシュして、ハンドマイクかブームマイクで話すことになっている。

機内アナウンスを行うのには当然PAのボタンをプッシュしな

ければならないのに、それまでATCと交信するため押していた(VHF2が多い）ボタンを切り替えないまま話し始めてしまったのである。ちなみにPAやVHF1など他のボタンをプッシュすると、それまで使っていたボタンはポップアウトして自動的に使えない仕組みとなっている。加えてジャンボジェットではこれらの通信用パネルとは別に機内だけに使用する大きなインターフォン(CAが使っているのと同タイプ）が装備されて、優先的にそれを使用するのでハンドマイクを使うことは少なくトラブルも発生しにくいが、DC8型のように特別のインターフォンが装備されていない航空機ではハンドマイクが主であるために時にとんでもないミスを犯してしまうことになる。私がJALにいた頃は、飛行中使用しているATC周波数で機内アナウンスを行ったパイロットに対し我々は「○○が全館放送をやらかした」と笑っていたものである。つまり管制官のみならずそのATCの周波数が使われている空域を飛行中の他の航空機のパイロットにも前述のアナウンス内容が傍受されてしまうことから全館放送という言葉が生まれたものである。我々パイロットは特に機長に昇格する訓練中、教官からしばしば「先輩たちがよく全館放送したので間違ってもPAを行う前には注意して副操縦士にATCをよくモニターしてもらってやらないと大恥をかくから」との注意を受けることがあった。私自身も失敗した機長の名前も聞いていて大笑いしていたのに機長になってすぐにその全館放送をやってのけたのであった。

それはDC8で大阪から台北に向かって鹿児島の南を飛行中の時であった。ATCの周波数は福岡管制部の133.3で日中空の銀座と呼ばれる航空路A1でのことなので実に多くの航空機のパイロットにも聞こえてしまったのである。この時副操縦士は位置通報を行うタイミングでもなくATCの周波数を使うこともなく、他機もATCとたまたまやりとりがなかった。このようなことはよくあることでしばしの静寂に何の疑問も感じなかったのである。加えてVHF1には121.5の緊急用周波数をセットしていたが、レシーバーのボリュームを低くすることが多いので、恐らく管制官や他機からそれで呼び出していたのであろうが聞こえなかったので、手の打ちようがない。つまり誰も私のやっていることに注意ができず、ひたすら機内アナウンスが終了するのを待つ以外に方法がなかったようであった。ちなみにこの時近くを飛んでいた同じ会社のジャンボ機の先輩機長がなんとかして止めさせようといろいろと手を打ったと到着してから聞いたものであった。さてこの時の結末であるが、アナウンスが終わってマイクのボタンを放した瞬間に担当管制官から発せられた言葉が〝グッドイングリッシュ！〟という言葉であった。その瞬間、私は使っていたマイクの送信ボタンに目をやって、誤りに気が付いて頭の中が真っ白になったのは言うまでもない。管制官に日本語で詫びを言うと笑いながら「以後気をつけてください」との返答をいただいたが、あれだけ注意しろと言われていたのに自分も全館放送をやってしまったことを一生の不覚と今でも昨日のように覚えている。

(2) 米 9.11 同時多発テロ勃発時に著者が行った通信

2001 年 9 月 11 日に米国で同時多発テロが発生したまさにその瞬間私はシドニー行きの便で成田を飛び立ったばかりであった。しかもこれから米国領のグアム島方向に向けて飛行中。果たして上空通過は許されたのか当時を振り返ってみたい。

乗務機 771 便が定刻の夜 21 時 15 分に出発して高度 1 万 m の巡航に移っていたときのことである。

たまたま必要な情報を得るため、NHK 夜 10 時のニュースを聞いていた。ちなみにラジオ放送を聞くにはHFの受信機にNHKなら周波数 594 をセットして Voice のボタンをプッシュすればよい。また、同時に RMI でモードを ADF ポジションにするとかなり遠方まで針が指すのでナビゲーションをする上でも大いに役立つものである。話を戻すが、そのニュースでは、ちょうど事件がリアルタイムで放送され始めていた。最初、飛行機が 1 機ニューヨークの貿易センタービルに「衝突」したと。続いて数分後、もう 1 機も「衝突」したと報じた。この時点では日本中の誰も、それが事故でなくテロであり、しかもアルカイダの仕業と言い切った人はいなかったと思う。しかし、私はその時、コックピット内で「犯人はウサマ・ビンラディンだよ」と他のクルーに説明したのであった。それはたまたま私がイスラム過激派グループのテロは 1979 年にアフガニスタンへ旧ソ連と米国が軍事介入したことに始まった歴史に関心を寄せていたことによる。しかも、フライトで出勤する当日の昼に、アフガニスタンで対ソ連戦などを経て国民的英雄であったムジャヒディンのマスード司令官が暗殺されたというニュースを聞いていたからであった。私は近いうちに何かが起こると察知して家を出ていた。マスード司令官と対立していた原理主義勢力のタリバンやアルカイダの動向が気になっていたのであった。その中でビンラディンは対ソ連戦で自分たちが米国によって利用されたと報復を表明していたからである。

NHKのニュースからまもなく、アメリカ当局が出した航空機の飛行禁止令にともない、夜間日本から出発していた国際線の航空機にも会社から全機日本への引き返しの指示が出されたのだが、パイロットには何も理由が伝えられずに、ただ引き返せというものだった。それぞれの便の乗務員は互いに何が起こったのだろうと話し始めていた。上空での航空機同士でのVHFの電波は相当遠くまで届くので、ハワイ行きの便、グアム行きの便、ロサンゼルス行き、それに私のシドニー行の便などで、特定周波数（後述）を用いての交信になったのである。そこで私は同僚たちに「原因はたぶんイスラム過激グループのテロであろう」と伝えたのであった。ある機長が「杉江さんは、なんでそんなこと分かるの？」と送信してきたのを覚えている。

さて、そのようにして米国本土はもちろんのこと、ハワイやグアムといった米国領上空もただちにすべて飛行禁止空域に指定されたので、それらに向かっていた航空機は理由も告げられることなく日本などに引き返すことになった。しかし、たまたま私の便はグアム空域を通るもののすぐそこを離れ、オーストラリア方向に飛ぶので、間一髪で許可され無事にシドニーへと向かうことができた。無線で米国の管制官はしきりにグアム島の国際空港へ向かう便に対し「現在なら着陸だけは許可するが、再出発は許可できない」と警告していた。ちなみに私の機がグアム領空を通過した直後、一切の上空飛行も禁止され、幸運にも私の便だけが目的地に飛べたことになった。

そしてシドニー到着の２時間前には朝食のサービスが始まったのであるが、深夜フライトでもあり、ぐっすり眠っていた乗客の皆さんはインターネットも使えず事態を知る由もなかった。そこで私は到着のインフォメーションに加え、「アメリカではどうやら大変なテロが発生し、航空機はすべてストップされ出入国も簡単ではない模様です」とアナウンスした。また、乗客の中にはオーストラリアからさらに米国や他の国へ旅行する予定の方もいると判断して到着したらオーストラリアも大変なことになっているので情報を入手されるようにと促した。成田を出発して何事もなく食事をとって休んでいた乗客の皆さんはそのアナウンスに一様に何事が起こったのか、これからどうなるのかと不安げにCAたちに質問を投げかけたと報告を受けたのを覚えている。

以上が当日771便を乗務中の経緯であるが、ここで上空で他機と交信した周波数のことについて説明したい。ボーイング747ではVHF（3台搭載され通常№２にATC、№１にCOMPANYの上空用周波数（当時は131.9）、№３には任意の周波数をセットするのが習慣であった。

当時すべてのフライトが理由も告げられず引き返しの指示を受けたと述べたが、会社が使ったのは131.9のCOMPANY周波数によるものとVHFが届かない空域の航空機に対してはATC（Tokyo Radio）に依頼してメッセージをリレー（伝達）してもらうものであった。そこで私も含め僚機同士で引き返しの理由などを交信したのは 123.45 という周波数であった。

しかし 123.45 は常にセットしてあるとは限らないため、最初は私の方から 131.9 の COMPANY 周波数を使い 123.45 で詳しく話すのでセットしてほしいと要求し、それを傍受した僚機が 123.45 をセットしてそこから航空機同士の会話が交されたのである。

前にも述べたように非常時等における高高度で航空機同士の通信となると電波は AIR・TO・AIR になり VHF といえども相当の距離まで届く。記憶では同時に約 5 機のジャンボ機と交信できたと覚えている。交信用にはこの 123.45 と 128.95 という周波数が使われそれぞれの機長の判断でセットされるもののレシーバーは常時 ON の状態となっていない。それは COMPANY 周波数でも同様で理由は ATC との交信に集中するため不要な〝ノイズ〟となるレシーバーは OFF とすることが多いためである。最後に私と僚機とは 123.45 で交信したが別の任意の周波数を利用することも有り得ることをつけ加えておきたい。

(3) 英語が理解できず管制官をウンザリさせた時代

パイロットと管制官が交す ATC は英語を使うのが基本であるがパイロットも英語がきちんとできる者ばかりでなく、それが原因でアビアンカ航空の事故なども起きた。以下は日本の航空機がアメリカで苦労した時代の話である。

(その 1) 国際線に新規参入した頃の A 社の苦労

それは私が太平洋をロサンゼルスに向けて外国人機長とフライ

トしていたときの話である。機はボーイング747、私は副操縦士であった。その時の外国人機長は巡航中ATCの受信用にスピーカーを使わず、耳にヘッドセットをつけて時々資料なのか本なのか分からないが「読書」をしながら自機だけでなく他機の交信も聞いていた。今と異なり喫煙OKの時代、彼はずっと葉巻を口にしながらであった。

そこにJALに続いて国際線に参入してきたA社の航空機とアメリカの管制官とのHFによる通信が耳に入ってきた。私ももちろん一緒に聞いていたが他社のこととはいえ釘付けになったのである。今でも覚えているが、最初A社の方が飛行高度の変更を要求して「サンフランシスコ（RADIO）A社（コールサイン）、REQUEST・FL350」と呼び出した。それに対し管制官はしばらくしてA社の航空機に対し「ATC・CLEARANCE・○○006MAINTAIN PRESENT・LEVEL・310・AFTER160WEST・CLIMB・AND・MAINTAIN・FL350・REPORT・REACHING」とのクリアランス（飛行承認）を出したのであった。つまり「当面はすぐに高度変更は他機との関係で認められないが航路上の西経160度を過ぎたらFL310からFL350へ上昇し、到達したらそれを報告せよ」という内容である。

ところがA社の方は「ROGER（ラジャー）・○○006・CLIMB・AND・MAINTAINFL350」とリードバック（返答）し上昇を開始した様子であった。

これに対し危険を感じた管制側は「NEGATIVE・NEGATIVE（NOという意味）」と声を荒げて先述のクリアランスを再度繰り返したのであるが、A社の方は再び同じ返答を行いついに管制側はあまり長い言葉では伝わらないと思ったのか現在の高度をとにかく維持せよと言い続けやっとA社の方も了解したのであった。HFによって少々聞きとりにくいこともあろうが原因は明らかに英語力の問題で、我々はこのようなときには管制側が発出したATCクリアランスをそのまま復唱して誤解が生じないようにしているが、その時のA社はそれもせず勘違いして一方的に高度を変更しようとしたのでこれは危険行為でもあった。印象に残ったのはその時やりとりを聞いていた外国人機長が次第に顔を紅潮させ、ついにはジーザス・クライスト（おお神様という意味）と叫びながら手にしていた書籍とヘッドセットを耳から外し投げ捨てたのであった。そして私に向って「A社のクルーは英語が分からないのに国際線を飛ぶのはおかしいではないか」と言い放ったのであった。この一件は現在通信の主役になったCPDLCでは起り得ないもので昔話となったが、これからも国際線に新規に参入する会社もある中でパイロットにはグレード4の英語力があればというがATCはそう簡単ではなく、なまりも英国流やアジア流それにイスラム流とさまざまであるので管制官の言うことが理解できないときの対処方法を事前に教育しておく必要があろう。管制指示を理解できないあるいはあいまいな形で高度を変えたりすることは極めて危険な行為であることを認識する必要がある。

(その2) JAL機は西に変針して日本へ戻れ

他社のクルーのATCに偉そうなことを言ったと思われては心外なので、実はJALでも国際線運航当初の逸話が残されている。とはいっても私が1971年にセカンドオフィサー（パイロット免許を持った航空機関士）としてチェックアウトして多くの先輩乗務員から聞いた話なので現在では知らない人が多いことであろう。それは、JALがDC6Bというレシプロエンジン機で晴れてサンフランシスコ線に運航を始めた頃、サンフランシスコ国際空港に進入中の時の話である。管制官の早口の指示に対し「SAY AGAIN」（もう一度言ってほしい）と応答。これは今でも誰でもよくあることであるがその時に管制官はゆっくりとした口調で同じ指示を何度も繰り返したのに、クルー側はやはりひとつ覚え(失礼）の「SAY AGAIN」を繰り返したという。そこで当該管制官は我慢の限界に達したのか「JAL○○、LEFT・TURN・HDG270・RETURN　BACK・TO・JAPAN」と言ったといわれている。それは太平洋を飛んできて進入中のJAL機に西に反転して日本へ戻れという苛立ちの感情のクリアランス(指示)であった。

当時コックピットの中には機長、副操縦士、航空機関士それに航空士（ナビゲーター）と4人が乗務していたのに誰も英語の管制指示を理解できなかったことになる。もっとも、同情したくなるのはアメリカの大空港では進入管制やタワーそれに地上の管制ではまるで機関銃のように早口で、時に日常会話的な指示が飛んでくるので面食らったのではないかとも思われる。

いずれにしても初めて国際線を開設するとなるとさまざまな苦労があり、これらの一例は今では笑い話となっているものである。

(4) 沖縄上空で毎日のように繰り返される警告通信

東南アジア路線を飛んでいると特に沖縄本島の南西空域でしばしば国籍不明機に対し、那覇の管制や自衛隊が121.5を含むさまざまな周波数を使い警告を行っているのを聞くことがある。警告の内容はおよそ次の通りである。「AIRCRAFT・FLYING○○（位置）・IF・HEAR・ME・YOU・ARE・IN JAPANESE・CONTROL・AIRSPACE・FLY・OUT・IMMEDIATRY！」不明機はかなり日本の領空近くまで偵察行動を繰り返しているようである。このような航空機に対しては自衛隊機によるスクランブルもあるが領空は陸地からわずか12マイル内の上空なのでADIZ（防空識別圏）を基準としている。無線による警告もADIZに無許可に入って来たかどうかで判断していると考えられる。ADIZは各国が独自の判断で設定でき、2013年11月にそれまで設定していなかった中国が東シナ海から朝鮮半島近くまで広範囲に設定してそれが尖閣諸島の上空で日本のADIZと重なったために問題になった経緯がある。日本は戦後アメリカの対アジア戦略上1969年に設定しているが、空域についてはGHQが定めていたものを使用している。位置通報などを課してはいないので民間航空のパイロットはそれをあまり意識していない。これは我々にとってもADIZを設定しているフィリピン等一部の国やアメリカに対しても同様である。しかしアメリカとロシア（旧ソ連）の関係ではその意味が大きく変わってくる性格のもので地域によって異なる。

ADIZは領空の境界線とは異なり、その国の主権が及ばず、したがってその中に入ったからといって強制着陸や軍事行動は基本的には行えない性質のものである。世界では約20カ国しか設定していなくてヨーロッパでは元来なく、EUが誕生してからは国同士の友好関係が強くなったからこれからも考えられないだろう。しかし、日本の場合、今や日米の対中国向け戦略となっているADIZは軍事上大きな意味を持ち具体的にはADIZに入ってくる無許可機に対してはまず警告を発出して、領空を侵犯したと確認できたら強制着陸などの強制力のある処置がとれることになっている。このような現実を考えるとADIZ自体国際法上は何の意味もないのに互いにスクランブルをかけ合うなど緊張状態をつくり出す原因ともなっているだけではないだろうか。ちなみにフィリピンも早くからアメリカとの軍事同盟の関係でADIZを設定しているがこれまでもフィリピン軍機がスクランブルをかけたこと

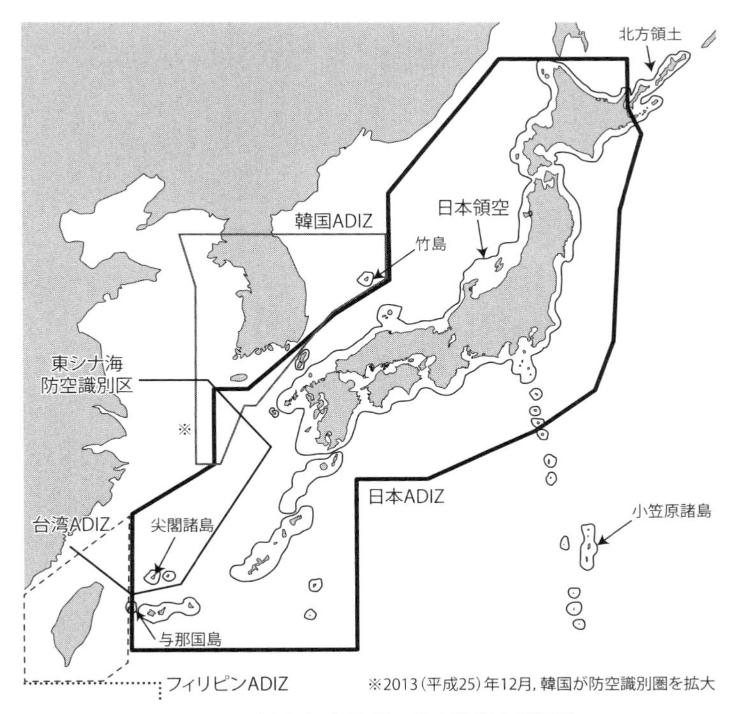

図９-２　わが国および周辺国の防空識別圏（ADIZ）

など耳にしたことがないので一体何の意味があるのか、また、現在はフィリピンでは大統領が中国寄りのドゥテルテ氏になったのでなおさらである。いつもこのあたりの空域を飛んでいてよく耳にする警告放送を聞いて平和であるはずなのにと疑問に感じていたものである。

(5) サービス精神が豊かなアメリカの管制官

アメリカの管制官はスキルが優秀な人が多い。これは私が長年フライトして得た感想である。幼少から航空文化の中で育ち、小型機の免許を持っている管制官も多く、航空機の性能のことも実に良く理解している。アメリカでは1日に3万便もの航空機が運航されながら2009年以来民間航空機の事故ゼロの記録を更新中の理由もこうした管制官によって支えられている側面もあると思っている。管制官の指示はいまだに日本でいう国土交通省の大臣に代わっての命令と思っている国々が多い中で、アメリカはいち早く航空管制とはサービス業務であるという認識のもとにパイロット側の要求を可能な限り聞いてくれる。自分自身の経験から例を挙げてみたい。

私はメキシコからバンクーバーへのフライト（成田行き）では、いつも乗客の皆さんにグランドキャニオンの絶景をプレゼントすることにしていた。もちろん天候が悪いときやルートの変更によって定時到着ができない状況の中では、それらを優先させることは言うまでもない。方法は次のとおりだ。メキシコ領空を北上し、国境の街エルパソを通過して、アメリカのアルバカーキー管制センターにハンドオフ（受け渡し）されると、「リクエスト・

ダイレクト・グランドキャニオン」と要求するのである。すると管制官は「オーケー・スタンバイ」と言って、グランドキャニオン上空の飛行に関係するデンバー、ソルトレーク、それにロサンゼルス管制センターとの調整をとる。2〜3分後には直行を許可されることが多かった。あとは、あらかじめ用意しておいたグランドキャニオンの緯度経度をFMS（飛行管理装置）に入力するだけだ。

乗客の皆さんには、アナウンスして、カメラを用意してくださいと伝える。すると、機内は大騒ぎとなり、映画の上映どころでないとばかりに、窓のシェードを上げ、カメラを準備して、地上を食い入るように眺め出されるのであった。そしていよいよグランドキャニオンが眼下に見えると、その絶景は最初は右側に、次に左側へと移り、乗客は公平に眺めることができる。それでも中にはカメラを手に、右に左に席を変えてシャッターを切り続ける方も。

こうして十分絶景を楽しんだ頃を見計らっているかのように、管制官からこれから先はどのルートを飛びたいかと聞いてくる。観光目的を達成した我々の便からすれば、もちろんバンクーバーや、そのすぐ南のシアトルへの直行が良い。そうすると逆に、飛行時間や燃料消費が元の計画よりも良くなることさえあるからだ。このように管制官は終始我々に協力的なのである。

そしてたまたま年始に飛んだとき、管制官から「ハッピーニューイヤー、グランドキャニオン上空に着いたら、3分間自由にツアーをしても良いよ」と言われたのには驚いた。私は機を右へ左へと旋回させ、乗客の皆さんに十分楽しんでもらったのは言うまでもない。

(6) 全日空雫石事故機の ATC を傍受

それは忘れもしない 1971 年 7 月 30 日の午後、私は訓練生から晴れて実用機 DC–8 型機のセカンドオフィサーになってしばらく国内線の乗務についていたときであった。乗務機は千歳空港から羽田空港に戻る便で機材は DC-8-61（233 人乗り）、当時、羽田から千歳へ向う便は現在とほぼ同じ岩手県の内陸を北上するルートであったが、千歳から羽田へは海岸線の宮古市（VOR）上空を経由して茨城県の太子（VOR）に向かうルートであった。そしてその時、つまり全日空の千歳行きボーイング 727 が自衛隊の訓練中の戦闘機と空中衝突したときであるが、全日空機は高度 28000 フィートで決められた航空路を飛行中、そこに有視界飛行状態（目視確認義務がある）の戦闘機が航空路に入り込み衝突、全日空機の乗客乗員 162 名全員が死亡したショッキングな事故となったものである。偶然にも私の乗務機は宮古市上空付近を高度 29000 フィートで南下していて全日空機とは緯度的にはほぼ同じ、高度差はわずか 1000 フィート（約 300m）の位置を飛行中であった。

つまり全日空の 727 と自衛隊の F86 戦闘機が空中衝突を起こした瞬間に現場に最も近くを飛行していた航空機が私の便であったことになる。全日空機と私の便は同じ ATC の周波数を使っていたためにその瞬間は今でも良く覚えている。私のイヤホーンにもガーという送信によるノイズに最後は悲鳴のような肉声も一瞬入っていたのを覚えている。コックピット内は緊張に包まれ、機長が「今のは何だ、何か起こったかも？」と叫んだのであった。しかしその時は実際に何が起こったかを知るすべもなく暑さがきびしい羽田空港に着いて、オペレーションセンターに戻ると多くの報道陣が待ち受けていた。聞くと私の便も一時自衛隊機と衝突した民間航空機と思われていたようだ。それは当該空域がまだレーダー管制下ではなかったので該当機がすぐには分からなかったことによる。実際、戦闘機がもう少し東側を飛んでいれば私の便が被害に遭っていても不思議ではなかったと考えると安全軽視の訓練には憤りを感じている。なお、当事故の調査はまだ航空事故調査委員会(1974年に設立)が立ち上げられていなかった時代、自衛隊機に事故の責任があったという結論までかなりの時間を要したものであった。一方、その瞬間一番近くにいて通信も傍受していた私のところにも一切の事情聴取もなかった。思うにことが国家的事情が優先されて進んでいったものであり、それは現在でも同じであろう。事故調査はアメリカのNTSB（米運輸安全委員会）のように専門性を持つ独立した機関が行うべきで警察が前面に出るべきではない。

(7) フライトレーダー24でかなり事故原因が推察できる

スウェーデンで2009年から航空マニア向けに公開されたサイトの「フライトレーダー24」(https://www.flightradar24.com)は今や世界で大きな事故やトラブルが発生すると必ずメディアに当該機に係る飛行データとして紹介されるようになった。このサイトのサービスには無料と有料があり料金によって得られる飛行情報の内容に差がある。このサイトはすでに紹介したように航空機に搭載されている衛星を利用したADS—Bの電波を利用して運営されているものであり、航空会社名、便名、日付を挿入すると実際に飛行したルートや航跡、飛行高度、速度、それに降下率なども分かる。一般に航空機事故が起こるとブラックボックス（DFDRとCVR）が事故原因解明のカギになることは変わらないものの、航空の知識がある人やパイロットならこれでかなりの状況を推察することができるので注目すべきサイトなのである。近年メディアで話題になった航空事故や事件によって不幸にして墜落した場合、ブラックボックスが回収されながら政治的理由で公表されずに迷宮入りとなりそうな事例が多く、今やこの「フライトレーダー24」の果たす役割は極めて大きなものになっていると言えよう。

航空機から自動発信されているADS-B信号

航空機にはトランスポンダーという、2次レーダーへの応答装置を搭載している。最近では、トランスポンダーの信号に簡単な受信装置で各種情報を読み取れるようデータを乗せている。それがADS-B信号だ。

世界を飛ぶ航空機の位置を表示する「フライトレーダー24」のホームページが有名だが、ここに映される機影は航空機から発信されるADS-B信号をキャッチする世界中のボランティアからの情報を統合したものである。それを、マップ上にまとめて配信しているのだ。したがって、受信者がいない地域では、航空機が表示されないのがネックで、日本国内でもカバーされていない地域がある。なお、フライトレーダー24では、米国連邦航空局（FAA）

からの情報も反映し、洋上の機影も映していることもそのネットワークの拡大に役立っていることも忘れてはならない。

ADS-B信号を個人で受信するというのは難しいものではなく、専用の受信機とパソコンやスマホ、タブレット端末と組み合わせることで可能になる。こちらの電波は1090MHzという高い周波数を用いていて、この周波数は携帯電話などが利用している。エアバンドで用いるV/UHFの電波と比べると、さらに光の性質に近い。

富士山の5合目でも、さっそくタブレット端末を起動してソフトウェアを立ち上げるとマップ上に現在飛行中の機影が現れた。もっと遠方の電波がキャッチできるかと思ったが、受信機の性能のためか電波の特性のためか、せいぜい300km程度離れた機体をとらえるのみだ。富士山5合目は標高があるとはいえ、背中には富士山の山肌の半分がそそりたっているわけで、電波的には障害となる。ADS-B信号が受信できる範囲を見てみると、まさに開けている側の電波のみキャッチできるという様子が見て取れた。

図9-3　フライトレーダー24の画面

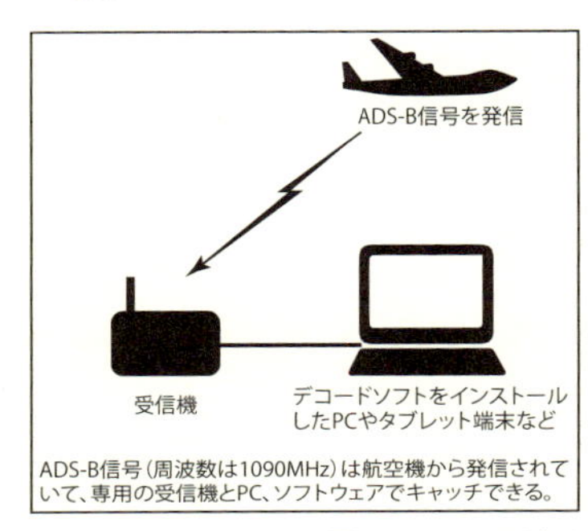

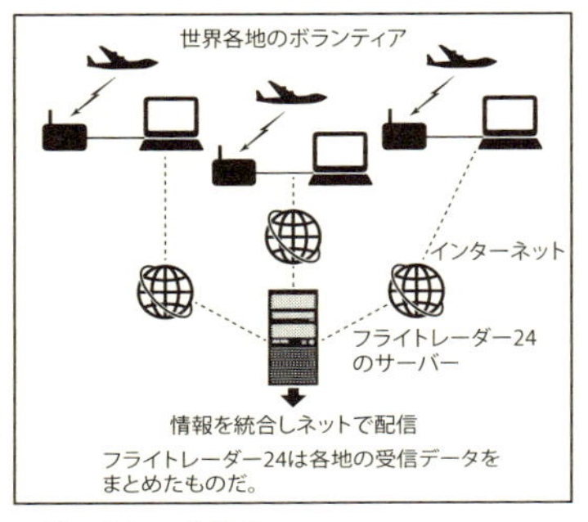

図 9-4　フライトレーダー24 の仕組み

(8) 航空無線に必要な英語力とは

世間ではパイロットは英語が十分に話せると思われているようだ。しかし実際は運航に必要な英語力は持っているものの日常会話で使う英会話となると多くのパイロットはかなり苦手であると思っている。現在では国際線の運航に従事するパイロットは「英会話」の能力も 6 段階の評価でグレード 4 以上が必要とされ、3 年に 1 度の試験も課せられるようになった。きっかけは本文にもあるが 1990 年にニューヨークで起きたペルーのアビアンカ航空のパイロットが燃料が無くなっているにそれを管制官にはっきりと伝えられなく墜落した事故で、その原因は英語力の不足とされ 2008 年からそれまでなかった「英会話」の試験が加わったものである。では、グレード 4 の英会話能力の試験に合格しているパイロットは本当に英会話がそれ相当に話せる状況であるか？

グレード 4 とは一般的日常会話を不自由なく話せるレベルで、グレード 6 ともなるとネーティブな会話ができるものとされている。しかし、この 2008 年問題をクリアするため航空会社内では何か特別な教育を行ったかというと何もなく、パイロット個人も英会話教室へ通ったりする者もほとんどいなかったように思っている。その結果、試験に不合格になったパイロットもかなりの数にのぼったが、何度となく追試を繰り返すうちに試験の要領も分かってきて無事合格となってライン運航は欠航便も出さずに済んだのである。私が JAL に入社するときにも一応英会話の試験はあったものの、それは形式的な感じのレベルで入社後も英会話能力に力を入れる者は知る限り見られなかった。以前の JAL では、機長が巡航中に行うウエルカムアナウンスでいつも乗客から何を話しているのかさっぱり分からないと指摘される機長もいて、その方は「なんだ〜、かんだ〜の○○さん」というニックネームがつけられていたほど英会話が苦手であった。英語でのアナウンスとなると「レディス・エンド・ジェントルマン、アンダー……ナンダー……」と意味不明の英語が続くのであった。現在ではさすがにそのようなアナウンスをするパイロットはいなくなったと感じているが、英語の基本がまったくできていなくて、現在でも外国人乗客からすると「今のアナウンスは誰が話しているのか？」という質問も出されることも少なくない。というのも正しい英会話ではまず「This is captain speaking」とか「My name is first officer Mr. ○○ speaking from cockpit」等と誰が話しているかを明らかにするのが基本であるのに、いきなり「This is announce from cockpit」等と無人称で話し始めることもたまにあるからだ。私は現在のパイロットも昔のパイロットも日常会話についてはほとんどグレードアップされていないと思っている。

もちろんいつの時代も日々努力してネイティブな英語力を持っているパイロットもいることには敬意を払ってはいるが……。では実際の運航で日常的な英会話能力はどの程度必要なのか。個人的には食事や買い物ができる程度で良いと思っている。ただし、航空に関する専門の英語力は不可欠でそれは訓練生時代からの教育や経験で全員が身に付けていくもので心配はいらない。はじめに述べたペルーのアビアンカ航空の例もパイロットが管制官へ一言「Emergency」と発すれば優先着陸となり事故にはならなかったはずだ。失礼ながら例に挙げさせていただいた先輩機長も立派に安全運航を続け退職されている。私自身も数々の緊急事態に遭遇しながらなんとか65歳まで1人の乗客の怪我もなく飛び続けることができたが、とても英会話が上手いとはいえないレベルである。結論的にいうならば、形式的な英会話の試験などよりも実運航でマニュアルに基づいたしっかりとした通信と安全第一の意思が必要と感じている。運航に必要な英語力は全員が持っていると信じているからである。

終章　ハード・ソフトの改善で安全運航を

これまで航空無線と航空機の安全運航との関係について、不幸にして多くの乗客乗員の命を一瞬にして奪った数々の事故例の紹介も含めて解説をさせていただいた。航空無線の分野において科学技術の進歩は衛星を利用したCPDLC等に見られる革新技術によって以前のような電離層の状態や場所や季節それに時間帯による通信設定の困難さを改善し、管制業務にたずさわる関係者の負担を軽減する結果ももたらしている。何よりもパイロットと管制官などとの音声による会話からもたらされる認識の違いから生じる不安全要素の減少に効果を発揮しているのは大いに評価できる点であろう。しかしながら空港での離発着などのフェーズではVHFが主流であることは当分変わらないため、音声による会話やダブルトランスミッションによる関係者の誤解から事故が起り得るという状況を改善する必要がある。それにはハード面、ソフト面での改善が必要である。ハード面では一例を挙げればダブルトランスミッションを防止するためにAnti-Blocking Deviceという装置もすでに開発され、ある無線機が他からの送信電波を検知すると自身は送信できなくなり二重送信の原因となっている別の人の無線機をブロックすることを防ぐことができる。ただ現在は航空会社や関係者の反対意見もありアメリカのFAA（連邦航空局）はまだ義務化していないのが現状である。今後、航空関係者の理解を得てぜひ有効なシステムを構築してもらいたいものである。そしてソフト面では何といってもパイロットをはじめとする航空関係者の教育が重要である。パイロットが危機管理をしっかり行って前広に管制官に事態を正確に伝え〝緊急事態〟を宣言することを躊躇しないことや、管制官には航空機の性能や緊急を要するトラブルの内容についての理解が進むことが求められている。そのためにはパイロットと管制官が話し合う場を多く設定して相互理解を進めなければならない。

我が国では、これまでパイロットは、管制の現場を見学したり管制官と話し合う機会はごく一部の者以外はなく、管制官もコックピット見学を１回するだけで、これでは形式的と言わざるを得ない。両者が話し合う機会をつくるとなれば勤務の関係で相当な人的経費の問題も生じるが、航空会社と国土交通省はそのための経費を惜しんではならない。ともに多くの国民の命を預かっているという自覚と責任を持って改善に努めてもらいたいと願っている。

＜参考文献＞

「AIM–JAPAN」（国土交通省航空局監修）

「月刊エアライン」「航空無線ハンドブック」（イカロス出版）

「航空管制官はこんな仕事をしている」（園山耕司著、交通新聞社）

本書は、主に航空関係者に向け、航空無線のあらましと安全運航に関わる事柄について解説したものだが、読者の中には航空ファンの方もおられるであろう。航空無線を受信すること自体は、エアバンドレシーバーを使えば誰でも合法的に聞いて楽しむことができる。しかし、この内容を漏らしたり、窃用することは電波法で禁じられている。

以下に、これらについて定めた「電波法」の条文の一部を抜粋して掲載する。参考にしていただきたい。

「電波法」

（目的外使用の禁止等）

第五十二条　無線局は、免許状に記載された目的又は通信の相手方若しくは通信事項（放送をする無線局については放送事項）の範囲を超えて運用してはならない。

（秘密の保護）

第五十九条　何人も法律に別段の定めがある場合を除くほか、特定の相手方に対して行われる無線通信（電気通信事業法第四条第一項又は第百六十四条第三項 の通信であるものを除く。第百九条並びに第百九条の二第二項及び第三項において同じ。）を傍受してその存在若しくは内容を漏らし、又はこれを窃用してはならない。

第九章　罰則

第百六条　自己若しくは他人に利益を与え、又は他人に損害を加える目的で、無線設備又は第百条第一項第一号の通信設備によつて虚偽の通信を発した者は、三年以下の懲役又は百五十万円以下の罰金に処する。

2　船舶遭難又は航空機遭難の事実がないのに、無線設備によつて遭難通信を発した者は、三月以上十年以下の懲役に処する。

第百九条　無線局の取扱中に係る無線通信の秘密を漏らし、又は窃用した者は、一年以下の懲役又は五十万円以下の罰金に処する。

第百九条の二　暗号通信を傍受した者又は暗号通信を媒介する者であつて当該暗号通信を受信したものが、当該暗号通信の秘密を漏らし、又は窃用する目的で、その内容を復元したときは、一年以下の懲役又は五十万円以下の罰金に処する。

第百十条　次の各号の一に該当する者は、一年以下の懲役又は五十万円以下の罰金に処する。

四　第五十二条、第五十三条、第五十四条第一号又は第五十五条の規定に違反して無線局を運用した者

索　引

【数字・英字】

【ア行】

【カ行】

【サ行】

【タ行】

【ハ行】

【マ行】

【ラ行】

「交通ブックス」の刊行にあたって

私たちの生活の中で交通は、大昔から人や物の移動手段として、重要な地位を占めてきました。交通の発達の歴史が即人類の発達の歴史であるともいえます。交通の発達によって人々の交流が深まり、産業が飛躍的に発展し、文化が地球規模で花開くようになっています。

交通は長い歴史を持っていますが、特にこの二百年の間に著しく発達し、新しい交通手段も次々に登場しています。今や私たちの生活にとって、電気や水道が不可欠であるのと同様に、鉄道やバス、船舶、航空機といった交通機関は、必要欠くべからざるものになっています。

公益財団法人交通研究協会では、このように私たちの生活と深い関わりを持つ交通について少しでも理解を深めていただくために、陸海空のあらゆる分野からテーマを選び、「交通ブックス」として、さしあたり全100巻のシリーズを、(株)成山堂書店を発売元として刊行することにしました。

このシリーズは、高校生や大学生や一般の人に、歴史、文学、技術などの領域を問わず、さまざまな交通に関する知識や情報をわかりやすく提供することを目指しています。このため、専門家だけでなく、広くアマチュアの方までを含めて、それぞれのテーマについて最も適任と思われる方々に執筆をお願いしました。テーマによっては少し専門的な内容のものもありますが、出来るだけかみくだいた表現をとり、豊富に写真や図を入れましたので、予備知識のない人にも興味を持っていただけるものと思います。

本シリーズによって、ひとりでも多くの人が交通のことについて理解を深めてくだされば幸いです。

公益財団法人交通研究協会

理事長　住 田 親 治

著者略歴

杉江　弘（すぎえ　ひろし）

元日本航空機長、日本エッセイストクラブ会員。愛知県豊橋市生まれ。1969年、慶應義塾大学法学部政治学科卒業後、日本航空入社。DC-8、ボーイング747（ジャンボジェット）、エンブラエルE170の機長として、国内線と国際線のほぼすべての路線に乗務、総飛行時間は2万1000時間を超える。ボーイング747の飛行時間は約1万4000時間を記録し、世界で最も多く乗務したパイロットとしてボーイング社より表彰を受ける。首相フライトなど政府要請による特別便の乗務経験も多い。同社運航安全推進部兼務時には「スタビライズド・アプローチ」など航空界の安全施策を立案推進した。さらに数々の著作において航空機事故を検証、ハイテク機に対する過信に対して警鐘を鳴らしている。

著書に『機長の告白』（講談社）、『機長の「失敗学」』（講談社）、『機長が語るヒューマン・エラーの真実』（ソフトバンク新書）、『プロフェッショナル・パイロット』（イカロス出版）、『ジャンボと飛んだ空の半世紀』（交通新聞社新書）、『危ういハイテク機とLCCの真実』（扶桑社）、『マレーシア航空機はなぜ消えた』（講談社）、『機長の絶景空路』（イカロス出版）、『空のプロの仕事術』（交通新聞社新書）、『高度一万メートルから届いた　世界の夕景・夜景』（成山堂書店）、『747ジャンボ物語』（JTBパブリッシング）、『交通ブックス310　飛行機ダイヤのしくみ』（成山堂書店）、『乗ってはいけない航空会社』（双葉社）など多数。2016年9月24日公開の映画「ハドソン川の奇跡」（主演トム・ハンクス）の劇場用パンフレットでは奇跡の生還を果した判断や技術を解説している。

交通ブックス312

こうくうむせん　あんぜんうんこう
航空無線と安全運航

定価はカバーに表示してあります。

平成29年11月8日　初版発行

著　者　杉江　弘

発行者　公益財団法人交通研究協会
理事長　住田親治

印　刷　三和印刷株式会社

製　本　株式会社難波製本

発売元　株式会社 成山堂書店

〒160-0012　東京都新宿区南元町4番51　成山堂ビル

TEL：03(3357)5861　FAX：03(3357)5867

URL　http://www.seizando.co.jp

落丁・乱丁本はお取り換えいたしますので，小社営業チーム宛にお送りください。

ISBN978-4-425-77811-9